De la Terre à Vénus

EDILIVRE.com

Serge-Reiver Nazare

De la Terre à Vénus

Roman

Éditions EDILIVRE APARIS
93200 Saint-Denis – 2011

www.edilivre.com

Edilivre Éditions APARIS
175, boulevard Anatole France – 93200 Saint-Denis
Tél. : 01 41 62 14 40 – Fax : 01 41 62 14 50 – mail : actualite@edilivre.com

ISBN : 978-2-3324-5361-7
Dépôt légal : septembre 2011

Sommaire

Introduction

Je suis triste car, il y a quelques semaines, j'ai assisté aux obsèques de ma meilleure amie.

Je sais que la mort n'est qu'une illusion, la séparation d'une conscience avec un corps ; je sais que l'amour que se portent les êtres transcende les plans et que, quelque part nous restons reliés. Je sais tout cela et d'autres choses encore que m'a fait comprendre mon amie. Il n'empêche que je ressens déjà douloureusement son absence. Je ressens d'autant plus le vide de son départ que j'ai dû libérer son appartement. Ses parents sont morts aussi, il y a plusieurs années. Elle était fille unique, ne s'est pas mariée et n'a pas eu d'enfant.

Je ne lui connais aucune famille. Tout au moins ne m'en a-t-elle jamais parlé. Ne sachant à qui m'adresser pour s'occuper de ses affaires, j'ai décidé de le faire. Elle avait pris soin de régler ses obsèques auparavant, mais quelqu'un devait débarrasser le logement qu'elle occupait dans Paris.

En triant ses papiers, j'ai trouvé un gros cahier sur lequel est écrit simplement : « Mon journal ».

Je me suis mise à le lire. Je ne me suis pas sentie coupable d'entrer dans son intimité. De toute manière, elle n'était plus de ce monde, et je n'avais pas l'intention d'en parler à qui que ce soit. Elle avait été fiancée, il y a un peu moins d'un an, mais, pour une raison qu'elle n'a pas tenue à me donner, celui-ci a dû quitter définitivement la France pour un pays d'Amérique du sud, et elle ne m'en a plus reparlé. N'ayant pas trouvé l'adresse de cet homme dans ses affaires, j'ai pensé, pour justifier la décision de lire ce journal, que j'en étais la légataire. J'avais envie de prendre connaissance de ses confidences, peut-être pour mieux la connaître et mieux connaître sa vie.

Je n'ai emporté d'ailleurs que ce souvenir d'elle.

Lorsque j'ai terminé les démarches matérielles, je me suis donc consacrée à la lecture de son journal. Après l'avoir terminé, je suis restée songeuse un long moment, comme pour essayer d'assimiler son contenu. Puis, quelques jours après, je me suis mise à le relire lentement.

J'ai laissé passer un peu de temps, car je devais prendre une décision importante. Avais-je le droit moral de diffuser des textes de ce journal ? Car une partie de son contenu représentait incontestablement un enseignement spirituel qui pouvait aider des êtres à ouvrir leur conscience vers une vision de la vie beaucoup plus élargie que celle que nous avons habituellement. J'ai moi-même grandement appris à travers cette lecture, et il m'a semblé important d'en faire profiter autrui.

J'ai réfléchi, j'ai pris la décision de la diffusion en espérant qu'elle était d'accord avec cela, là où elle se trouve actuellement.

Devant mon ordinateur, j'ai passé de nombreuses soirées à recopier ce qu'elle avait écrit.

Je n'ai pas tout recopié. J'ai abandonné une partie du texte pour ne garder que les passages qui renferment un enseignement. Mais, ce que vous allez lire reste dans l'ordre où elle l'a écrit. Ma seule intervention personnelle a été de mettre des titres à ces passages pour mieux s'y retrouver. Le reste est de la copie mot à mot.

Je vous souhaite autant de plaisir et d'émotion que moi, lorsque j'ai pris connaissance de ce journal. Je vous laisse donc avec Christelle.

La présentation du journal

Je viens de vivre un événement qui me paraît majeur pour mon existence. Cela s'est passé dans la nuit précédente.

Je suis encore sous le choc de cette aventure extraordinaire, mais je ne peux hélas la raconter, me confier à qui que ce soit, pas même à mes parents. Je serais traitée d'affabulatrice, ou tout simplement, on m'expliquerait que j'ai inventé (même de bonne foi) mon aventure, et que je prends pour réel, une simple construction de mon mental surchauffé.

Je dois extérioriser mon vécu pour ne pas étouffer. Je viens de prendre donc la décision d'écrire un journal pour relater cet événement, et peut-être d'autres. Puisque je ne puis en parler à personne, je vais l'exprimer par l'écriture à défaut de la parole.

Je viens de choisir, dans mes affaires scolaires un gros cahier. Nous sommes dimanche. J'ai donc le temps d'écrire. Je choisis sur mon poste de radio une chaîne qui diffuse de la musique douce. Heureusement, mes parents sont partis en excursion en Italie pour le week-end. Je préfère être seule pour me laisser aller à mon écriture sans être dérangée.

J'ai l'impression, au moment où je commence à écrire, que je vais m'adresser à quelqu'un que je ne connais pas, oui, un inconnu qui pourra tout entendre sans me juger, même s'il ne peut tout comprendre. Un alter-ego qui se trouverait sur un autre plan que le mien et à qui je pourrai tout confier, sans retenue. Et comme j'aime faire correctement les choses, je décide de me présenter.

Mon nom est Christelle. Je suis née à Nice. Ma mère est ce que l'on appelle une femme au foyer. Quant à mon père, il est caissier à la Banque de France. Je suis fille unique et nous habitons Nice.

Ma mère est attentive aux deux êtres de sa vie, son mari et sa fille. Son univers est sa maison, la tenue de son intérieur. Elle joue le rôle d'assistante pour son mari, soutient sa carrière et, en même temps, surveille avec attention mon éducation. Cela consiste à m'apprendre à avoir un comportement social irréprochable, à faire en sorte que je sois toujours bien mise, que je montre une bonne éducation, et surtout à m'inclure l'obligation (croit-elle) de se plier sans rien remettre en question, à la religion catholique traditionnelle de ses ancêtres. D'où, conflits sur ce point.

L'univers de mon père est sa banque, et son souci, ce que peut penser de lui sa hiérarchie. Il ne supporterait pas de commettre une erreur qui montrerait qu'il n'est pas l'être qui maîtrise parfaitement son travail. Mon père s'occupe peu de sa femme, mais surveille l'avancement de mes études, car, dit-il, un bon métier permet de se débrouiller en toute circonstance, surtout pour une femme, si elle ne veut pas dépendre d'un homme. Il ne veut pas se rendre compte que sa femme est totalement dépendante de lui, mais ce n'est pas pareil !

J'ai eu l'année dernière mes 18 ans. J'ai obtenu en même temps mon Bac philo.

Je prépare actuellement un diplôme de secrétaire de direction dans une école privée de Nice.

Voilà donc quel est mon environnement physique.

Quant au côté psychologique de mon existence, il y a quelques problèmes. Je me sens différente des autres filles. J'aime bien observer les individus autour de moi, et j'aime surtout essayer de comprendre les comportements des uns et des autres, et aussi les comportements des uns par rapport aux autres. Mes camarades m'ont fait remarquer que je donnais l'impression d'être une observatrice, mais que je ne m'engageais pas dans les relations humaines, dans la vie, dans les amours. Et ils ont raison. Oui, j'observe tout ce qui se passe autour de moi, mais si je ne m'engage pas, c'est que je n'y trouve pour l'instant aucun intérêt. Je suis sans doute trop sérieuse, mais je trouve que mon entourage social a un aspect trop superficiel. Je prends donc instinctivement du recul par rapport aux autres, mais je me sens tout de même intégrée dans un contexte commun. Je parle aux autres, je me sens avec eux, mais j'ai peu d'amis.

Je trouve les filles vénales et superficielles. Leurs principales préoccupations, pour la plupart d'entre elles, sont de plaire aux garçons, de se faire remarquer d'eux, et d'être plus belles que les autres. Les jalousies vont bon train, et les coups bas aussi. Elles passent une grande partie de leur temps à observer les garçons pour voir si elles les attirent. Lorsque je vois leurs mimiques, leurs attitudes, je les trouve souvent fades.

Quant aux garçons, ce n'est pas mieux. Je les trouve généralement niais, souvent bêtes. Ils ne pensent qu'à avoir des relations sexuelles avec les filles. Ils n'ont pas ou peu de conversation, et je constate souvent leurs comportements immatures. Entre eux, ce sont les compétitions qui prévalent, soit auprès du sexe féminin, soit dans l'expression de leur force physique. Chacun veut montrer aux autres qu'il est le plus fort, dans quelque domaine que ce soit, ce qui les amènent à des comportements ridicules.

Bien sûr, j'ai eu l'occasion d'exprimer mes pensées auprès de mes camarades. Ils me jugent trop sérieuse, trop engoncée dans mes principes, trop coincée dans mes mouvements et mes idées rétrogrades. Ils m'expliquent qu'il faut vivre ce qu'on a envie de vivre, et en toute liberté, et sans contrainte. Je pense qu'ils ont raison sur ce qu'ils perçoivent de moi. Est-ce à cause de l'éducation trop rigide que je reçois de mes parents ? Pourtant j'attache une importance primordiale à ma liberté. Y a-t-il d'autres raisons ?

Je ne suis pas aussi insouciante que la plupart des autres. Il me semble que je suis plus consciente des grands problèmes de nos sociétés, et je pense que je me sens plus responsable que bien d'autres sur l'importance d'essayer d'améliorer les choses. Je suis prête à m'engager à fond dans ce que je pourrais considérer comme important et primordial, mais pas n'importe comment. Je ne me sens pas l'âme d'une syndicaliste, ni celle d'une politicienne, ni celle d'une religieuse. Non, mon créneau serait plutôt celui d'une quête spirituelle. Oui, je crois avoir trouvé le bon mot. Je vais essayer de développer cet aspect pour m'aider à faire le point.

Je me suis rendue compte, dès mes 16 ans, en fonction du sens de l'observation que j'ai eu dès cet âge là, et à travers les actes et les pensées des hommes adultes, que ces hommes n'avaient pas souvent raison malgré leur intelligence et leur savoir.

Au moment de mes 18 ans, me trouvant face à ma vie, au seuil de ma majorité dans la société, j'ai décidé de m'accorder ma majorité spirituelle. J'ai décidé de vivre le plus consciemment possible, et je me suis octroyée donc le droit de juger les autres malgré ma jeunesse et mon ignorance de la vie. Juger dans le sens de trier, de ne garder que ce qui me convenait, et de ne pas croire forcément sur la bonne foi des connaissances des autres, même des adultes.

J'ai décidé que personne ne pourrait plus m'imposer quelque notion que ce soit sur la vie, sur la recherche spirituelle. Je me ferai ma propre opinion par moi-même, j'irai à la quête de mon Graal, et je ferai la synthèse de ce que j'entendrai, lirai, ou vivrai.

En y réfléchissant, je constate que j'ai gardé à ce jour, au fond de mon cœur, comme guide, comme modèle, la personnalité et l'état d'être de Jésus de Nazareth qui, me semble-t-il, n'a commis aucune faute durant son dur séjour parmi nous. Je me rends compte que je garde en moi ses enseignements sur l'Amour Divin. Souvent, dans les premiers moments difficiles de ma vie, je me suis surprise à me demander « Qu'aurait fait ou dit Jésus dans cette situation, comment se serait-il comporté ? ». Et la réponse m'est venue invariablement dans mon être intérieur. Et la réponse m'a demandé toujours de réagir de la manière qui me semblait la plus difficile, celle de l'Amour inconditionnel et de la compréhension des autres.

Je garde, où plutôt je ressens au fond de mon cœur la présence protectrice et consolatrice de l'être qui s'était incarné sous le nom de Marie, mère de Jésus. Elle représente aussi, pour moi, un exemple, car elle a souffert, elle a accepté les pires douleurs sans jamais se plaindre, ni se révolter.

Quant à Dieu, j'ai bien un ressenti, mais il ne correspond pas avec ce qui se dit couramment.

Mes idées vont donc plus vers la religion catholique de mes parents, cependant je ne suis pas d'accord avec la plupart des dogmes, des coutumes, et même des enseignements et des comportements des gens de cette religion. Pas plus que ceux d'une autre d'ailleurs. Il m'a suffi d'étudier l'histoire à l'école pour voir comment la politique, les intérêts personnels, la richesse, la gloire, et oh ! Suprême sacrilège, la violence, ont fait partie intégrante d'une religion issue des enseignements d'un être qui a prêché l'Amour, la Compassion, la Compréhension, la Tolérance, et même l'Abnégation !

J'ai quitté avec fracas le catéchisme, car je n'étais pas d'accord avec ce qui se disait, déjà dans mon enfance, et il a fallu que je reçoive les foudres de mes parents pour que je consente à faire ce qu'ils appellent ma première communion. Je l'ai faite pour eux, en récompense de ce qu'ils me donnaient, mais sans plus.

Non, en y pensant, je ne ressens pas de faire partie de la religion catholique, ni même chrétienne. Je décide que je suis Christique, car je ressens les enseignements de Jésus, et les faits ont montré qu'il a vécu en conformité avec ce qu'il a dit, et jusqu'au bout.

Quant à la notion de Dieu, elle va directement vers la conception d'un Dieu, Energie Universelle, Conscience Universelle qui englobe tout l'Univers existant physique et non physique, qui se situe bien au-delà des galaxies, avec lequel nous ne pouvons pas dialoguer personnellement comme prétendent l'avoir fait bien des êtres, dans les textes anciens. Cette conscience suprême représente pour moi l'évolution, l'absolu, tous les attributs dont les qualités humaines ne peuvent être qu'une petite approximation. Pour moi, Dieu n'est pas humain, il était au-delà de l'espace et du temps, il est un Tout, et chaque parcelle vivante, humaine ou non, est une partie de lui-même, sans que nous puissions avoir une image de lui, car la partie ne peut englober le Tout.

Voilà ce que je pourrais exprimer aujourd'hui sur mes idées spirituelles. Et ce que je viens de vivre me conforte dans tout cela.

Après ma présentation physique et spirituelle, je vais en venir au récit de ce qui s'est passé la nuit dernière. Je le relate tel que je l'ai vécu, sans rien rajouter. Ce vécu représente, je le sens déjà, un tournant important de ma vie spirituelle. Il me donne une vision tellement plus élargie de l'existence que plus jamais je ne serai comme avant cette nuit.

Ces derniers temps, je consacrais toutes mes énergies à me créer une situation, car je désirais en terminer rapidement avec ce diplôme de secrétaire.

Mon but était d'entrer rapidement dans la vie active pour me prendre en charge en totalité, sans influence aucune d'autrui, et mener ma vie en toute liberté. Mes parents sont gentils et m'aiment, mais ils m'étouffent, ils veulent me modeler selon leurs conceptions, qui ne sont pas du tout les miennes. Je serais plutôt une révolutionnaire quant aux habitudes, rites, coutumes et conventions sociales, religieuses, et politiques. Et puis, j'ai des ambitions à long terme qu'ils ne comprennent pas, donc qu'ils n'acceptent pas.

Dans cette période actuelle, J'avais alors mis de côté toutes mes interrogations philosophiques et religieuses, et mon esprit était plutôt centré sur les problèmes d'organisation et de gestion des entreprises, lorsque…

Voyage galactique

Cette dernière nuit, alors que j'étais profondément endormie après une journée de travail bien remplie, je me suis réveillée brusquement. Je savais qu'il faisait encore nuit. Mon esprit me paraissait clair, mais j'ai été surprise de ce réveil intempestif. Alors que je me demandais à quoi je devais l'attribuer, je me suis sentie tout à coup me soulever de mon lit et, avant que je ne puisse analyser la situation, je me suis retrouvée debout au pied du lit, et oh ! Stupéfaction, mon corps reposait, allongé, endormi !

S'agissait-il d'un rêve, ou autre chose ? Je ne me suis pas posée la question. Je me suis regardée dormir, ou plutôt j'ai regardé mon corps matériel endormi. Vu de là où je me trouvais, j'ai constaté qu'il n'était pas particulièrement beau. Il me semblait mou et flasque, je dirais avachi, grisâtre, presque sans vie, car je me sentais en moi-même dans une énergie plus puissante, plus vivifiante, plus lumineuse. Je n'ai pas eu le loisir d'approfondir mon observation, car, tout à coup, et sans que je ne l'ai voulu, je me suis mise à m'élever au-dessus du sol de la chambre. A ma grande stupéfaction, j'ai traversé les chambres des appartements situés au-dessus du mien, et j'ai même aperçu, dans le court instant de mon passage, d'autres corps endormis.

Rapidement je me suis retrouvée stabilisée au-dessus de l'immeuble à quelque 100 m d'altitude. Je pouvais observer la ville éclairée, ainsi que la circulation et la vie nocturne de Nice. Ma vision était claire, en couleurs et en relief, je sentais même les vibrations de tout ce que je voyais. Ce n'était pas un rêve, j'y étais réellement. Mais encore une fois je n'ai pas eu le temps de m'attarder, car je me suis sentie tout à coup aspirée vers le haut. Ma vitesse augmentait rapidement, et je pouvais observer le paysage de la Côte d'Azur se fondre dans la nuit, puis le sud de la France que je distinguais à peine, à part quelques foyers de lumière. Ma vitesse augmentait toujours, comme si je quittais la Terre à bord d'une navette spatiale. Je me suis sentie me stabiliser à nouveau au moment où je pouvais observer la planète dans son ensemble, dans la grosseur apparente d'un ballon de football. Dans un premier temps, j'ai pu découvrir le dessin vague des continents et des océans dans une faible pénombre. Au bout de quelques instants, en plus de la Terre matérielle, j'ai pu observer également des énergies qui circulaient tout autour de la planète, son aura en quelque sorte.

Le spectacle était troublant. D'une part, j'observais l'aura de la planète elle-même, c'est-à-dire les énergies diffusées par la conscience planétaire Gaïa, sphère cosmique. Elle diffusait loin dans l'espace un halo bleu ciel parsemé de fins courants jaune brillant et brun clair. Les courants évoluaient en mouvements lents et l'ensemble était baigné dans une belle lumière dorée. L'impression qui se dégageait de ce magnifique spectacle était une beauté paisible et sereine. Les paysages qui formaient son plan étaient magnifiques et remarquablement diversifiés. On se sentait attiré par elle, car il se dégageait de l'ensemble une sensation de douceur maternelle qui vous tendait les bras.

J'étais en train de me rendre véritablement compte que la planète Terre était un joyau cosmique.

Par contre, au niveau des énergies dégagées par les humains, le spectacle était tout autre. L'aura était d'un gris qui variait du gris clair au gris plomb. Elle était parsemée de courants rouge vif qui bougeaient rapidement, et d'autres dorés très lents et très faibles, presque noyés dans l'ensemble gris et rouge. De ci, de là, j'observais des tâches brun foncé. Ces tonalités, je le compris, étaient formées par les formes pensées et les expressions émotionnelles débridées de ses locataires humains. L'ensemble était vif, agressif. J'en ai ressenti presque un malaise, tant la différence était brutale entre l'ambiance de la planète elle-même, et celle que diffusaient les hommes. Je pouvais même observer une atmosphère trouble et terriblement polluée, une végétation à la limite de l'asphyxie, et un règne animal aux conditions d'évolution désorganisées. L'image que je pourrais donner de l'ambiance générale était celle d'un chaudron ardent dans lequel des consciences se déplaçaient dans tous les sens sans vraiment savoir où aller en cherchant désespérément une sortie. Je savais que la Terre était actuellement en pleine mutation, mais je ne m'attendais pas à un tel spectacle.

Puis tout à coup, j'ai entendu une voix puissante en moi-même qui s'est exprimée ainsi :

« Vois-tu comment toutes ces consciences humaines errent dans tous les sens, sans prendre une véritable direction, en s'entrechoquant les unes aux autres. Elles sont à la recherche de la liberté, elles sont à la recherche du bonheur, elles sont à la recherche des mondes supérieurs de la Lumière. Toutes ces consciences naviguent dans un bocal, (c'est une image), elles perçoivent, plus ou moins consciemment ce qui existe à l'extérieur de ce bocal et veulent l'atteindre. Ce bocal est formé par le rétrécissement de leur conscience, par les limitations de leur mental. Mais ce bocal symbolique n'a pas de couvercle, il suffirait qu'ils s'élèvent, qu'ils élèvent leur vibration pour échapper, et vivre dans les dimensions cosmiques de la vie. Chacune de ces consciences a en elle-même l'impact de cette liberté, de ce bonheur, de cette Lumière, et bien d'autres choses encore, mais il faut qu'elle le découvre dans son être intérieur, pour pouvoir l'exprimer ensuite.

Dans bien des endroits du cosmos, des êtres vivent dans une vie non limitée, ils ont appris à le faire. Cette humanité terrestre doit apprendre à briser ses chaînes pour pouvoir intégrer sa véritable demeure, celle de la vie cosmique ».

La voix s'est tue. J'ai continué à profiter encore quelques instants de ce merveilleux spectacle, mais je n'ai pas eu l'occasion de réfléchir à ce qui venait de m'être dit. Brusquement, j'ai senti que je basculais, et mon regard s'est porté alors vers le ciel étoilé. Mon mouvement a repris, et j'ai eu bien vite la sensation d'une vitesse extraordinaire. J'ai senti à ce moment-là deux présences qui m'encadraient, qui guidaient mon déplacement, un peu en arrière de moi-même. Je ne pouvais les voir, je sentais leur présence, tout simplement. Sans doute étaient-elles autour de moi depuis le début, mais je ne les avais pas remarquées, car mon attention avait été portée vers ce que je viens de décrire.

A un certain moment, j'ai senti ma vitesse ralentir, et devant moi le ciel est devenu de plus en plus brillant, lumineux, dense. Dans un mouvement maintenant très lent, je me dirigeais vers une zone d'intense lumière, et plus j'avançais, plus mon mouvement était lent, et plus je me sentais submergée par une force vibratoire de plus en plus puissante, par une lumière de plus en plus intense. J'étais maintenant immobile, incapable de réfléchir, tellement englobée par la Lumière, que je me suis sentie fondue en elle-même. Je vibrais comme si toutes mes cellules allaient exploser pour me fondre dans cette Lumière. Le temps n'existait plus, l'espace n'existait plus. Je ressentais le véritable Amour Universel, je regardais la véritable Lumière qui crée les mondes, j'étais baignée dans une sérénité que rien ne pouvait entamer ; j'étais dans la béatitude absolue, incapable de faire le moindre mouvement, je ne voulais plus bouger. Je désirais prendre, absorber, intégrer au plus profond de moi-même cette Lumière. Alors, j'ai pensé « Voici l'éternité, voici l'absolu. Est-ce Dieu ? ». Et dans mon esprit je me suis prosternée, car je reconnaissais ce qui était autour et en moi en cet instant. Je sentais que la Vérité était là, et je l'acceptais dans toute ma conscience, et j'étais prête à rester en ce lieu pour le restant de l'éternité.

Mais, il ne devait pas en être ainsi. Au bout d'un moment qui n'avait pas de temps, j'ai senti deux douces pressions sur chacune de mes épaules, qui m'ont fait reculer de ce Centre, et doucement, très doucement, comme on le ferait pour un nouveau-né, les deux présences qui m'avaient guidé jusque là, m'ont ramenée vers d'autres réalités, celles que je connaissais déjà, et j'ai refait le chemin inverse. J'ai basculé à nouveau vers la Terre. Je l'ai vue sortir de l'ombre du cosmos, douce luminescence qui s'agrandissait rapidement. Je n'avais plus de sensations, j'étais groggy, véritablement secouée par ce que je venais de vivre. Alors que je revenais à grande vitesse, j'ai vu se détacher de la nuit la ville de Nice et, en une fraction de seconde j'ai retraversé les étages de mon immeuble. J'ai revu l'espace d'un instant l'image de mon corps matériel qui était resté allongé sur le lit, je me suis sentie immobilisée contre lui un dixième de seconde, je me suis sentie l'interpénétrer comme si je rentrais dans un grand coton, et je n'ai plus été consciente de rien.

Je me suis réveillée ce matin, dans une très bonne forme physique, entièrement consciente de mon vécu de cette nuit. Je n'avais aucune idée du temps terrestre qui s'était écoulé durant mon aventure.

Aujourd'hui, il fait beau, je me suis levée de bonne heure et je suis sortie pour marcher le long de la promenade des Anglais.

Lorsque je me suis retrouvée dans la ville, j'ai regardé mes semblables sous un jour nouveau. Il me semblait que je les aimais mieux, que je les comprenais mieux. Mais, je savais aussi que je ne serai plus jamais comme avant ; je savais que je n'avais pas rêvé tout cela, c'était trop intense, trop vivant, trop vrai. J'en avais encore toutes les sensations dans ma conscience et dans mon corps. Tout en marchant, j'ai eu envie de dire aux passants :

« Je vous ai vus cette nuit du ciel, j'ai compris vos difficultés ; j'ai vu le chemin, mais je ne sais pas comment vous l'expliquer ».

Mais, il fallait aussi que j'assume ma propre existence, que je vive et comprenne ce que j'avais à comprendre moi-même, que je vive mes propres difficultés, que j'effectue mes propres dépassements, que j'assume ma propre incarnation.

J'ai su dès ce matin que je ne pourrai jamais oublier ce que je venais de vivre. J'étais consciente du cadeau qui m'avait été offert, je venais de vivre ce que peu d'êtres pourront vivre dans leur existence ; mais je savais aussi que je n'étais ni mieux, ni plus savante que ceux que je croisais. Je me suis sentie comme eux, pas plus évoluée qu'eux ; mais par contre plus consciente et plus responsable de mes propres actions.

Je savais que je devais continuer à vivre comme monsieur tout le monde, avec au fond de moi le secret de mon voyage au cœur des étoiles. Car, il est bien évident que je ne peux raconter à personne mon aventure de cette nuit. A quoi bon me faire ridiculiser et me faire dire que ce n'est qu'un rêve fabriqué par mon subconscient pour compenser une quelconque inadaptation à la vie sociale, ou bien une projection d'un désir non conscient d'échapper à mes responsabilités, ou tout autre chose.

Je suis sûre, et je l'ai été dès l'instant de mon réveil, que j'ai réellement vécu ce que je viens d'écrire.

Mes débuts à Paris

… Je viens de m'installer à Paris, dans un petit appartement du 15e arrondissement, près du boulevard des Batignolles. Pour ma première soirée de libre, j'ai décidé de reprendre mon journal intime et de le mettre à jour en faisant un petit retour en arrière.

Le temps est passé. Je n'ai parlé à personne de mon expérience cosmique. C'est un secret. Je n'ai rien oublié de ce que j'ai vécu cette nuit-là, mais j'ai continué à vivre comme par le passé. Les énergies se sont peu à peu intégrées en moi, mais sans interférer avec mes activités scolaires et autres. Ma vision interne des choses était élargie, mais je pouvais vivre comme tout le monde sans que quiconque ait pu soupçonner ce qui m'était arrivé.

Bien sûr, j'ai continué à observer les gens et le monde, mais sans en parler à personne. Au moment où mes camarades étaient préoccupées par leurs expériences sexuelles et par l'apprentissage de l'amour, ou ce qu'elles croyaient être de l'amour, mes pôles d'attraction étaient plutôt la promenade dans la campagne et la montagne, la natation, la sieste au bord de la mer et la lecture d'ouvrages ésotériques, car mon esprit avait soif de connaissance. Mon sexe ne m'imposait pas la recherche du mâle et mes sentiments ne me poussaient pas dans les bras de supposés princes charmants.

Les livres qui m'ont le plus marqué ont été, par exemple, « L'histoire inconnue des hommes depuis 100 000 ans », « La vie des Maîtres », « Le matin des magiciens », « Recherches parapsychiques en URSS », « Le livre du mystérieux inconnu », « L'initié », « Le troisième œil », « J'ai vécu sur deux planètes ».

J'ai obtenu mon diplôme de secrétaire de direction au bout de deux ans d'études après le bac. Je me suis trouvée alors au seuil de la vie active dans la société, et il me fallait faire mes choix. J'aime la ville de Nice, la proximité de la mer, la végétation méditerranéenne, l'arrière-pays. On reste attaché aux racines de son enfance. Cependant, j'avais soif d'aventure, de nouveauté, de quelque chose de plus grand. Mes aspirations m'ont poussé à préférer tenter l'aventure dans la capitale. Nice représentait pour moi un cocon, certes confortable, mais je m'y suis sentie tout à coup trop à l'étroit. Je sentais qu'il me fallait le souffle de Paris pour me réaliser.

Ma décision de m'installer à Paris a créé un scandale dans ma petite famille. Ils me voyaient seule dans cette ville de perdition, soumise à tous les dangers, sans les conseils et le contrôle des parents. Ce n'est pas raisonnable, ont-ils dit. Je n'étais pas préparée à affronter les innombrables difficultés que peut rencontrer une petite provinciale, seule, perdue dans cette faune immense, sans foi, ni loi. As-tu réfléchi au souci que tu nous imposes ? Comment feras-tu lorsque tu seras malade ? Etc.

La litanie a été longue et douloureuse. Je ne supportais pas ces attitudes chagrines, larmoyantes, cette négativité. Mes parents ont bâti leur vie sur un repli sécurisant, et ils voulaient que leur fille unique fasse comme eux. Mais, je me sentais l'âme d'une aventurière, et c'est contre le gré de mes parents que je suis partie, malgré l'amour que je pouvais leur porter. Ils me faisaient plutôt de la peine.

Je pourrais même dire que j'ai senti en moi-même comme une bouffée de joie et une certaine fébrilité lorsque le train pour Paris s'est mis en marche. J'avais confiance en moi et en la vie. Et, j'ai eu raison, tout au moins jusqu'à ce jour. En effet, c'est avec une relative facilité que j'ai trouvé un emploi, et maintenant ce logement.

Je travaille comme secrétaire dans un magazine féminin. Je ne fais pas la difficile. Le premier travail dans mes possibilités a été le bon. Je n'ai pas l'intention de faire une carrière chez le même employeur comme mon père, car je sens que j'ai plusieurs choses différentes à faire. Je ne peux prévoir mon avenir, mais je sais que les choses viendront à moi en temps voulu.

Je sens que ma destinée est inscrite et que je dois suivre les événements. Surtout, depuis le voyage initiatique que j'ai fait à Nice.

Mon logement est petit, mais il me plaît. Il se situe dans un quartier populeux où l'on trouve de vrais commerces avec de vrais commerçants. J'aime l'ambiance populaire, simple et décontractée des gens de cet endroit. Cela contraste avec l'aspect artificiel, compassé et intellectuel de la société dans laquelle je travaille.

J'ai décidé de prendre des cours dans une association de Développement Personnel. On y apprend à connaître les causes psychiques des maladies, toute l'organisation énergétique et le fonctionnement énergétique du corps, depuis les chakras, en passant par les méridiens, pour arriver aux organes à travers les fonctions des glandes endocrines, etc. Je suis très intéressée. On apprend à observer la vie au-delà des apparences matérielles et physiques.

Lorsque j'aurai terminé cette formation, ou peut-être même en parallèle, j'ai l'intention de prendre des cours de massage de réharmonisation dans cette même association. Lorsqu'il me reste du temps libre, j'étudie en autodidacte la diététique et l'astrologie, parce que cela m'intéresse aussi. Je me sens étudiante dans l'âme, mais uniquement pour ce qui m'intéresse.

Mon but, à terme, est de devenir Thérapeute holistique. Cela consiste à aider les gens dans leur corps et dans leur âme à l'aide de soins doux, sans effets secondaires, et sans risques. Je pourrai associer, dans ce type d'activité, l'énergétique, les massages doux, la diététique, l'astrologie même pour aider les gens à connaître les causes psychiques de leurs maux, sans oublier le relationnel qui est une base importante.

J'aimerais pouvoir m'installer dans cette activité où j'aiderai mon prochain de manière plus efficace que de travailler dans une revue qui n'offre aucun intérêt pour la progression des êtres.

Ma vie parisienne

… Voici plusieurs mois que je n'ai pas ouvert mon journal intime. J'ai été tellement occupée que je n'ai pas eu l'occasion de m'exprimer auprès de mon confident journalistique.

Je suis en train de réaliser mes projets. Entre mon emploi que je qualifie d'alimentaire, car je ne suis pas carriériste, mes formations annexes, mes études personnelles, je ne vois pas le temps passer. Je me sens parfaitement intégrée à la vie parisienne. Elle ne me pèse pas. Bien que je sois de nature solitaire et timide, je me sens rassurée d'être entourée en permanence de gens.

Au-delà de mon travail et de mes cours, j'utilise le temps qui me reste à lire et de temps en temps je vais au cinéma, lorsqu'un film m'intéresse.

Je continue à être boulimique de connaissances : Sciences, psychologie, philosophie, écologie, etc.

Mais, il s'est passé tout de même quelque chose de nouveau. C'est peut être ce qui m'a décidé à rouvrir ces pages. J'ai entamé ce que j'appelle une aventure avec l'intervenant qui me forme dans l'institut d'études holistiques. Bien sûr, j'avais eu l'occasion d'avoir quelques relations sexuelles, même avant de quitter Nice, mais cela ne m'avait rien apporté. J'avais accepté ces rapports, qui n'ont pas duré, plus comme des expériences du corps qu'autre chose. Mais cette fois-ci, ce que je vis est différent. Je ne l'ai pas cherché. Je suis plutôt d'une nature coincée au niveau de l'expression des sentiments et aussi sur le plan sexuel. Notre relation s'est mise en place tout doucement, naturellement. Je ne l'aime pas d'amour, tout au moins je ne le pense pas, mais je suis bien en sa compagnie. Il est plaisant, comique même. Il me détend. Il est d'origine italienne, il a la verve des gens de ce pays, il s'exprime de façon amusante avec un reste d'accent italien du sud. Il m'apprend à lâcher prise sur l'existence, il m'aide à me décontracter, à devenir moins sérieuse, à voir toujours le meilleur côté des choses. Il m'incite à aimer les bonnes choses de la vie, le plaisir des sens. Il peut paraître superficiel de l'extérieur, mais il est profond à l'intérieur. Je délaisse un peu mes lectures et je prends plaisir à le rencontrer. On se voit généralement deux soirées par semaine, car il travaille les week-ends dans l'animation de ses stages.

Je me rends compte qu'il est complémentaire à moi-même. Si je veux prendre des images, il est la terre et l'eau, je suis le feu et l'air. Il est pratique, pragmatique, organisé, sensuel, mais il met ses sentiments en avant, et cherche toujours à se faire plaisir et faire plaisir aux autres. Je suis sérieuse, ambitieuse, très active sur un plan cérébral, mais peu incarnée dans le sens où je survole les événements. Je ne me sens pas concernée par les événements qui m'entourent, qu'ils soient grands ou petits, mais je cherche toujours pourquoi les individus n'ont pas pu ou n'ont pas voulu faire autrement pour leur bien et ceux des autres.

En tout cas, si j'ai un tempérament trop rigide, trop dur, trop sec, il met du miel et du lait sur mon âme. Et pour cela, je suis attirée vers lui. Je ne pense pas l'aimer d'amour tel qu'on l'entend habituellement. Il ne me viendrait pas à l'esprit de me marier avec lui, par exemple. Je tiens à lui, j'ai besoin de lui, mais je vis cette relation comme une amitié amoureuse. Nous ne nous ennuyons jamais ensemble. Il m'apprend à vivre l'instant présent, il m'apprend à être insouciante de temps en temps, il m'apprend à aimer les belles et bonnes choses, et sans trop se poser de questions. Son côté instinctif et joyeux compense mon côté réfléchi et sérieux. Bref, tout va bien. Est-ce cela le bonheur ?

Rencontre avec le cosmos

… Cette nuit, je viens de vivre un événement exceptionnel. Aussi marquant que mon voyage au cœur de la galaxie, bien que totalement différent. J'en suis encore toute impressionnée et j'éprouve le besoin de le concrétiser en le relatant dans ce journal sans plus attendre. Là encore, je vais écrire ce que j'ai vécu en me rendant compte que je ne pourrai pas en parler autour de moi, même aux êtres les plus proches, car ils pourraient s'inquiéter de mon intégrité mentale !

Là encore, je ne peux remettre en question la véracité de cette nouvelle aventure. Non, je n'ai pas rêvé. J'en suis aussi certaine que je tiens dans mes mains un stylo pour écrire.

Je ne sais pas exactement ce qui s'est passé, mais je suis sûre que ma conscience s'est déplacée durant mon sommeil. Je sais que l'on peut vivre de véritables aventures durant son sommeil, et qui n'ont rien à voir avec des rêves courants qui font, eux, partie de la régénération normale et de l'équilibre de l'être humain.

Je relate ce que j'ai vécu. Et si quelqu'un lit un jour ce journal, à lui de l'interpréter à sa manière.

Voici donc les faits.

Alors que je dormais profondément, j'ai été réveillée brusquement par une voix intérieure qui m'a dit :

– « Va sur la plage du Mont-Dore ».

Je suis restée perplexe quelques instants. Je sentais intuitivement que la nuit n'était pas très avancée, peut-être un peu plus de minuit, mais cela n'a pas d'importance. Ne sachant pas à qui attribuer cette voix, et surtout ne sachant que faire, je suis restée immobile allongée et consciente dans le lit, les yeux fermés. Je ne savais pas ce que représentait cette fameuse plage. Cependant, au bout d'un moment, j'ai senti que quelque chose n'était pas en place, alors j'ai ouvert les yeux et là, oh ! Stupéfaction, je n'étais plus dans ma chambre parisienne, mais dans une pièce de type pharé tahitien (Ce sont les demeures typiques de Tahiti) !

Avant que je n'aie été remise de mon émotion, la voix a répété à nouveau la même phrase, en rajoutant :

– « Elle se situe tout près de toi, au sud de Nouméa ».

J'ai alors compris que je me trouvais près d'une plage de Nouvelle-Calédonie cette dernière nuit.

A ce moment-là, j'ai pris une grande décision. Dans ma façon d'être, lorsque je ne maîtrise pas une situation, je réagis toujours par l'action, pour avoir d'autres éléments d'appréciation. Je me suis levée, j'ai enfilé une robe ample qui se trouvait sur une chaise, et j'ai quitté la chambre. Je me suis retrouvée sur la terrasse du pharé et j'ai pu constater que j'étais bien dans un paysage de type tropical plutôt dans le Pacifique, car cela rappelait des films que j'avais vus sur ces contrées ! La demeure était entourée d'un gazon gras et bien vert. De jolies fleurs poussaient dans des pots de-ci de-là, et des cocotiers entouraient le bâtiment. Je pouvais bien voir, car la nuit était claire, la lune étant presque pleine. A part moi, l'endroit ne semblait pas habité, tout au moins ce soir-là.

Je me suis décidée alors à visiter les environs et, tout en marchant au hasard, je me suis rendue compte que je me trouvais dans une petite propriété qui était située en bordure d'une plage. Dès l'instant où j'ai entr'aperçu la plage à travers la végétation tropicale, j'ai su que je devais me diriger vers elle, comme si j'étais attirée par un aimant. Tout en marchant, une évidence s'est faite en moi-même, sans que je sache pourquoi, j'étais projetée physiquement en Nouvelle-Calédonie, au bord du lagon. Lorsque je suis arrivée sur la plage, en sortant des frondaisons, j'ai vu deux silhouettes éclairées par la luminescence de la lune. Elles se trouvaient à une vingtaine de mètres de moi. Avant que je n'aie eue le temps d'être surprise j'ai entendu en moi-même :

– « N'aie pas peur, nous ne te voulons pas de mal, nous voulons simplement parler avec toi ».

Je me suis surprise à répondre dans mon intérieur :

– « Je n'ai pas peur, je viens ».

Je suis arrivée devant deux êtres apparemment humains de taille et de physique courant, minces et bien bâtis tous les deux. Leur visage était très fin, l'un avait les yeux bleus, l'autre presque verts, et leurs cheveux, de couleur châtain clair, descendaient en cascades sur leurs épaules. Il me semblait que l'un était un homme et l'autre une femme. Ce qui me surprit le plus, était leur regard. Jamais, je n'avais ressenti autant de choses dans un regard. Le leur était à la fois doux et fort, tendre et puissant, amour, compassion et force. J'y décelais l'intelligence de ceux qui savent et qui maîtrisent. J'y voyais tout le recul de la vie, la Connaissance et la Conscience. J'étais très impressionnée par toutes ces valeurs réunies en eux, mais en même temps je me sentais à l'aise tant ils savaient rester simples, la simplicité de la vraie grandeur. Ils m'ont pris dans leurs bras, et leur accolade m'a fait chaud au cœur. Ensuite, ils m'ont proposé de nous asseoir sur un tronc d'un cocotier abattu, et ils m'ont dit alors :

– « Tu te poses beaucoup de questions. Ce soir, nous allons répondre à quelques-unes de ces questions. Nous t'écoutons ».

Les premières qui me sont venues à l'esprit ont été :

– « Qui êtes-vous ? Et d'où venez-vous ? Et pourquoi ?

En écrivant ce vécu, je me rends compte seulement maintenant que je ne me suis pas demandée comment ils étaient arrivés en cet endroit, mais cette information a-t-elle de l'importance ?

Après avoir écouté mes trois questions simultanées, ils ont souri tous les deux en même temps. Ce n'était pas un sourire moqueur, ou condescendant. Non, c'était un sourire amusé, presque malicieux, et j'ai su alors qu'ils avaient de l'humour aussi. Il faut préciser que toutes ces conversations se sont faites par la transmission de la pensée. C'est un outil bien plus perfectionné que le langage humain, car il peut traduire beaucoup plus de nuances. Il ne peut pas y avoir de mauvaises interprétations ; ce moyen de communication est sincère, car il part du cœur, et il va au cœur de l'autre. C'est tout au moins ainsi que je l'ai ressenti. Je me suis aperçue aussi que les diverses intensités du regard appuyaient fortement la vibration de ce qui était dit. Je me suis rendue compte ce soir-là combien était vrai le dicton « Les yeux sont le miroir de l'âme ». Donc, après avoir posé mes questions, j'ai attendu, tous mes sens tendus :

– « Nous sommes ce que tu pourrais appeler des Instructeurs Cosmiques. Nous sommes des êtres humains qui avons fait, comme toi, nos classes sur une planète, puis sur d'autres. Notre travail, notre évolution, les connaissances que nous avons acquises nous ont permis de choisir un secteur d'activité qui nous intéressait particulièrement, celui de l'action dans ce que nous appelons la Confédération Intergalactique. Cette Organisation, qui est dirigée par de grands êtres spirituels qui se situent sur des plans élevés de la Conscience, a comme mission, entre autres, d'aider les civilisations planétaires qui ont des difficultés d'évolution, ou qui stagnent dans des zones de basses fréquences. Mais l'Organisation à laquelle nous appartenons a aussi bien d'autres missions dont nous ne pourrons pas te parler aujourd'hui ».

– « Pourquoi ? ».

– « Parce qu'il te faut auparavant intégrer des notions de base sur l'organisation universelle de la Vie. Cela se fera dans le temps, si tu le désires ».

– « Etes-vous toujours dans ce type de corps ? Comment vous déplacez-vous ? ».

– « Te répondre dans le détail serait trop long pour ce soir, mais saches que nous pouvons adapter la vibration de notre corps, donc sa structure, en fonction de notre activité, du plan où il se situe, du lieu et du type d'action ».

– « Etes-vous ce que l'on appelle des anges ? ».

– « Non, ces êtres font partie d'une autre Organisation Universelle. Eux sont des énergies pures, non humaines. Leurs activités sont différentes, mais complémentaires aux nôtres. Vois-tu, l'Univers est parfaitement organisé, et à tous les niveaux. Toutes les formes de vie qui peuvent exister, sont aidées dans leur développement par un extraordinaire ensemble. Les humains ne sont qu'une parcelle de la Vie. Différentes Organisations s'occupent de nous, de même qu'il existe d'autres Organisations pour les autres formes de vie. Toute ton imagination ne serait pas assez puissante pour élaborer tout ce qui existe ».

– « En quoi consistent plus précisément vos interventions sur la Terre ? ».

– « Tout d'abord, bien avant que l'homme ne puisse fouler le sol de votre Planète-école, la Confédération était déjà à l'œuvre en harmonie avec d'autres organisations, pour développer la vie physique et matérielle du plan d'incarnation terrestre, y préparer les conditions et les véhicules-corps, afin que des consciences humaines puissent s'y intégrer. Puis, tout au long de l'histoire du développement de l'être humain sur ce plan, et sur les autres, les différentes Organisations ont toujours été à l'œuvre comme elles le sont sur toutes les sphères habitées de l'Univers, quel que soit le plan dense ou subtil où s'exprime la vie ».

Je ne comprenais pas très bien tout ce que cela voulait dire, mais je sentais que je devais laisser faire les choses sans trop insister. Je demandais alors :

– « Mais pour qui donc travaillez-vous ? ».

– « Nous sommes au service de l'Amour Universel, nous travaillons dans la vibration Christique Universelle. Nous sommes des représentants de la Lumière, et nous participons à l'établissement, à l'organisation et au développement de la Vie. Quand nous disons « nous » cela représente une multitude de consciences à tous les niveaux et dans toutes les formes d'action ».

J'avais senti que je pouvais leur faire confiance, mais je fus rassurée tout de même de les entendre parler de vibration Christique. Je ne savais pas exactement ce que cela voulait dire, mais mon intuition, me disait qu'ils représentaient ce que confusément je cherchais à devenir. Je leur dis :

– « Mon plus cher désir est de comprendre comment tout cela fonctionne. Je voudrais le comprendre pour moi-même, mais aussi pour pouvoir le faire partager à d'autres. Je souffre de voir les religions se battre entre elles, je souffre de voir la science se moquer de la spiritualité, et des spiritualistes se moquer de la science. Je ne comprends pas pourquoi les responsables de nos sociétés, qui paraissent intelligents, agissent souvent comme des enfants capricieux. Je ne comprends pas pourquoi les parents s'y prennent si mal avec leurs enfants, et pourquoi les enfants n'écoutent pas les paroles des parents lorsqu'elles sont sages. Je ne comprends pas pourquoi l'homme est si violent, pourquoi l'Amour est si absent de la vie. Bien des choses me paraissent simples, et je les vois se compliquer à l'extrême entre les mains de toutes sortes d'individus ».

Ils m'ont alors regardé, et leur regard a été grave tout à coup.

– « Oui, c'est bien tout cela la difficulté de l'humanité de cette planète. C'est pour cela qu'elle est si surveillée, si aidée. Cette humanité reçoit des instances supérieures, profusion de Lumière, elle reçoit depuis toujours foule d'enseignements spirituels de toutes sortes. Tout au long de son histoire des êtres appartenant à de nombreux Plans Universels se sont incarnés en mission d'Amour et de Sagesse. Ils se sont fait bousculer, ridiculiser, tuer, leurs enseignements ont été déformés, mais ils ont agi en tant que serviteurs du Divin. Ils ont accepté souffrances et sacrifices par Amour envers cette humanité qui a des difficultés à sortir de son enfance. Car cette humanité, contrairement à ce que bien des hommes pensent, est toujours dans son enfance. Elle doit maintenant atteindre son adolescence pour préparer sa future maturité. Mais cela n'est pas pour tout de suite. L'enfant physique terrien grandit en nombre d'années ; la conscience humaine grandit en nombre de millénaires. Il lui faut du temps pour apprendre à marcher, et marcher pour vous, c'est savoir intégrer et manifester l'Amour, le véritable Amour. Nous, les aînés agissons en tant que guides d'évolution, car nous sommes passés par-là ; mais, nous avons tous, vous comme nous, des parents qui, par Amour ont la patience de dire et répéter les mêmes choses, inlassablement, jusqu'à ce que les leçons soient apprises ».

Leur discours m'allait droit au cœur. Ils étaient en train de synthétiser mes pensées, ils clarifiaient mes idées, ils m'aidaient à sortir de mon brouillard mental. Et en plus du langage, il y avait la vibration qui s'exprimait à travers eux.

– « C'est parce que tes aspirations étaient conformes à la Loi d'Amour Universel qu'il nous a été demandé de t'aider. Tu demandais de l'aide, et comme elle était sincère, tu la recevras. Mais attention, tu vas comprendre des choses, tu en seras le dépositaire, tu en seras responsable devant l'Univers. Te sens-tu prête ? ».

– « Oui dis-je, car vous m'allez droit au cœur ».

– « Bien. Nous en prenons bonne note. Tu recevras des enseignements, tu vivras des choses, tu comprendras des mystères. Tout cela sera fait en fonction de tes possibilités de compréhension et d'acceptation. Tant que tu vivras sur le bon chemin, tu ne seras jamais seule, tu seras aidée et soutenue dans ton apprentissage, mais aussi dans les épreuves que tu as choisies de vivre dans ta vie pour ton propre développement. Mais si, de part ton libre-arbitre, tu dévies, tu assumeras toute seule tes erreurs. Ceci n'est pas une mesure personnelle, c'est une Loi valable pour tout le monde. Mais sache que, plus l'on est conscient, moins on a le droit de se tromper, et ceci est aussi une Loi générale. Tu en apprendras bien d'autres. Mais, pour l'instant, nous en resterons là. Va, continue ton existence normalement, ne change rien à tes habitudes. Tout se fera en temps et en circonstance voulus.

D'ailleurs, ton enseignement a commencé le jour où nous t'avons guidée vers la Lumière Universelle.

– « C'était donc vous les deux êtres que j'ai sentis sans pouvoir vous voir ! ».

– « Oui, ce que vous vivez tous correspond toujours à un plan préétabli, le plus souvent avant votre incarnation. Ensuite, c'est le libre-arbitre qui fait que le plan se déroule normalement, ou pas. Ce que tu as vécu ce jour-là, ce que tu vis ce soir, ainsi que ce que tu vivras par la suite de ton incarnation, correspondent à un plan que tu as désiré suivre en fonction de tes buts d'évolution. Nous avons été chargés tous les deux de t'aider, de t'accompagner, de te guider durant un temps de ton incarnation ».

– « Pouvez-vous au moins me dire d'où vous venez ? ».

– « Nous sommes attachés, en ce qui nous concerne tous les deux, à un plan subtil de la planète Vénus, mais nous nous déplaçons sur l'ensemble du système solaire, selon les interventions que nous devons mener, pour aider les humanités à évoluer vers leur majorité cosmique. Car, vois-tu, toutes les planètes du Système Solaire sont habitées par des consciences humaines, mais sur des plans subtils non matériels. Il ne faut pas confondre matière, physique, plans subtils, de la même manière qu'il ne faut pas confondre corps et conscience ».

– « Mais comment vous déplacez-vous ? Avez-vous des supports physiques, matériels ? Vous n'êtes pas pur esprit ? ».

– « Tu te poses beaucoup trop de questions. Tu devras apprendre à domestiquer ton mental pour éviter une surchauffe ! Tout viendra en temps voulu. Dans l'infini de l'Univers, pour comprendre un élément, il faut avoir intégré d'autres éléments auparavant, et ainsi de suite. Alors, patience, laisse-toi aller à ta vie en toute confiance, fais en sorte de rester consciente à tout indice, toute information, pour qu'intuitivement, tu te trouves toujours au bon endroit, au bon moment, à faire les bonnes choses pour ton propre développement, et tout ira bien.

Nous avons été heureux de bavarder avec toi, mais sache que tu n'es pas la seule, heureusement. Tous les cœurs sincères sont aidés selon leurs désirs et leurs possibilités, car la planète Terre a besoin de toutes les bonnes volontés. Surtout en cette période de mutation.

A toujours Amie, va et fais confiance ».

Nous nous sommes donnés l'accolade, et sans me retourner, je suis rentrée dans la chambre du pharé. C'était le seul endroit où je pouvais aller, le seul point de repère. Je me suis couchée et j'ai sombré immédiatement dans un profond sommeil.

Lorsque je me suis réveillée ce matin, j'étais abasourdie, comme si je venais de recevoir un choc. Je suis encore sous le choc et j'ai l'impression que cette sensation va durer un moment encore. J'avoue que je ne sais plus très bien où j'en suis. Je suis sûre de ce que j'ai vécu cette nuit, mais je ne comprends pas tout, surtout l'enchaînement des événements. Il doit y avoir une logique dans tout cela, mais mes guides m'ont dit de ne pas me poser trop de questions. Je pense que j'aurai un jour des réponses à tout cela. J'aime bien comprendre les choses !

Il est bien évident que je ne pourrai parler à personne de ce que je viens de vivre. Qui pourrait me croire ? Qui pourrait comprendre ce que je n'arrive même pas à cerner moi-même ! Il y a là encore quelque chose d'important qui m'est donné de vivre dans le secret de ma vie, sans que je puisse le partager, pas même dans l'intimité de ma vie. Je suis très heureuse, bouleversée même par ce que je viens de vivre ; mais je me sens un peu frustrée de ne pas pouvoir en parler.

J'ai tout de même de quoi réfléchir pour plusieurs mois, et sur quelque chose de tout nouveau pour moi.

Le décès de mes parents

… Je viens de vivre des moments difficiles. On a beau savoir des choses et prendre du recul sur la vie, cela fait toujours un choc de voir disparaître ceux qui m'ont mise au monde.

Mon père a été foudroyé par une crise cardiaque. Je n'avais jamais approché la mort auparavant. Lorsque ma mère m'a avertie que mon père venait de s'en aller, je suis descendue la rejoindre immédiatement. Mon père était dans un cercueil. J'avoue que j'ai été fascinée par le spectacle de son visage immobile et cireux. Ce corps avait abrité la vie durant quelques dizaines d'années. Il était mobile, il s'exprimait, et puis, brusquement, la vie s'en est allée et le corps est devenu cet assemblage inerte de molécules qui allait se désagréger peu à peu. Ce jour-là, j'ai pris conscience de la différence qu'il faut faire entre un corps et ce qui l'anime. Auparavant, pour moi un être formait un ensemble indissociable, je ne m'étais d'ailleurs pas posé de question. Mon père était vivant, point. Mais là, devant sa dépouille, j'ai compris que le corps était un véhicule qui était conduit par une conscience, humaine en l'occurrence.

Lorsque le corps ne peut plus assumer ses fonctions de véhicule permettant à la conscience de se déplacer et de s'exprimer sur cette Terre, où bien si le temps est venu pour cette conscience de migrer ailleurs, il y a dissociation du corps matériel, de la conscience qui l'anime. Celle-ci se retrouve sur un autre plan, plus subtil donc non visible à nos sens, et le véhicule-corps retourne aux éléments de la terre pour qu'il y distribue ses propres énergies, afin qu'elles servent encore à l'expression de la vie matérielle.

Cette prise de conscience m'a aidée à comprendre que l'on doit respecter le corps qui a été mis à notre disposition par la nature terrestre. Il a été façonné par deux êtres, il est ce qu'il est et nous n'avons pas à le juger sur ses formes ou ses capacités. Il nous est prêté pour un temps par Gaïa pour effectuer notre incarnation présente, et dans des conditions précises. Quant à la conscience, je sais intuitivement qu'elle reste bien vivante, et qu'elle continue son apprentissage, ailleurs et sous une autre forme, jusqu'à ce qu'elle décide de revenir dans une incarnation pour poursuivre son évolution et continuer à s'exprimer dans la matière, à concrétiser ce qu'elle n'avait pu faire et réaliser précédemment. Et ceci jusqu'au moment où, libérée de ses contraintes, elle a la possibilité de migrer ailleurs dans l'univers sans être obligée de se réincarner.

Ceci est ma conviction profonde.

A peine quelques mois après, ma mère l'a suivi. Elle s'est éteinte tout doucement. Un matin elle ne s'est pas réveillée, tout simplement. Après l'expérience du départ de mon père (je n'aime plus employer le mot mort, car pour moi elle n'existe pas), j'ai vécu le départ de ma mère d'une manière plus sereine.

Cependant une autre prise de conscience m'attendait. Il s'agissait de débarrasser l'appartement des affaires qu'il contenait et de procéder aux nombreuses démarches administratives. Là, je me suis rendue compte de la valeur toute relative que l'on accorde aux choses de la matière. Par exemple, ma mère tenait particulièrement à un vase qui venait de la sienne. Quelle importance a-t-il maintenant pour elle alors qu'il va poursuivre ses jours entre d'autres mains ?

Et je me suis mise à réfléchir sur l'importance émotionnelle ou mentale que l'on accorde à la matière. Tout est provisoire, tout est transitoire. Nous sommes de passage ici, et nous ne devons accorder qu'une importance relative aux choses et aux objets. La vie donne et la vie reprend, ou plutôt la vie nous prête pour un moment certaines choses, mais ces choses ne nous appartiennent pas vraiment. Les choses, c'est la matière, et la matière, c'est la Terre. Nous, nous sommes des consciences humaines qui empruntent, qui acceptent ce qui nous est utile ou nécessaire pour notre court séjour ici. Il y a des gens qui se battent pour posséder un morceau de terrain de la Terre. Mais, ils ne se rendent pas compte qu'ils se font posséder par leurs sentiments négatifs. Je deviens, par héritage, propriétaire de l'appartement de mes parents. Je considère que c'est Gaïa qui en est la propriétaire, et je suis l'usufruitière de ce bien. Merci Gaïa.

Voyage sur un plan parallèle

… Plusieurs mois se sont encore écoulés sans que j'éprouve le besoin d'écrire dans mon journal. Ma vie a suivi son cours sans que rien de nouveau ou de spécial ne survienne. Je travaille toujours dans le même emploi. Ma formation annexe avance correctement, et j'apprends toujours la fantaisie avec mon ami. Mon cerveau est toujours en ébullition sur le pourquoi du comment des choses, surtout depuis la dernière initiation qui m'a ouvert des horizons immenses.

Et, si je reprends le journal ce soir, c'est qu'il m'est arrivée, hier, une autre aventure que l'on pourrait classer dans le fantastique, et elle l'est. Ce qui est surprenant, c'est qu'à chaque fois que je vis une initiation, je ne la vois pas arriver. Je me retrouve brusquement sur un plan différent à vivre quelque chose qui n'est pas, dans l'apparence, en relation avec mes activités courantes. Mais, voici les faits.

Hier donc, je conduisais ma voiture sur l'autoroute Nice-Aix-en-Provence. Je rentrais à Paris après avoir rendu visite à des amis et j'étais heureuse d'avoir passé quelques jours de vacances avec eux. Je n'avais pas eu l'occasion de retourner sur la Côte d'Azur depuis le décès de mes parents. J'avais aussi apprécié de m'être retrouvée dans cette région méditerranéenne que j'aime. La journée était calme et ensoleillée. A peine pouvais-je sentir une petite brise. Nous étions en début d'après-midi. Je laissais ma pensée vagabonder sans but précis, car la circulation étant très fluide, je n'étais pas attentive à la conduite du véhicule.

Tout à coup, j'ai vu à ma droite, sur la voie de roulement de sécurité, un véhicule immobilisé et une femme qui avait l'air d'avoir un problème. Je me suis arrêtée et me suis dirigée vers elle. Elle m'a expliqué qu'elle avait un pneu crevé, et pas de roue de secours en état. Nous nous trouvions aux alentours de Saint Maximin. Elle m'a demandé alors si j'étais disposée à la conduire chez elle, à peu de distance de là. Etant près d'une sortie autoroute, et n'étant pas à une demi-heure près, j'ai accepté. Je l'ai alors invitée à monter dans ma voiture. Quelques kilomètres après être sorties de l'autoroute, cette personne m'a guidée dans un charmant endroit boisé, assez retiré des autres habitations. Une petite allée bordée d'arbres nous a amenés dans un endroit paradisiaque qui ne ressemblait en aucune façon à ce que j'avais vu jusqu'à présent. Au centre d'une clairière se trouvait un bâtiment composé de plusieurs dômes, en forme de demi-sphère aplatie, de demi-oursin, avec des hublots en guise de fenêtres. Les vallonnements de la terre et la végétation se mariaient parfaitement avec la bâtisse et certaines parties de celle-ci étaient recouvertes de terre et de mousses, de plantes diverses et de fleurs. Le reste était engazonné avec des petites fleurs des champs. Le tout entouré de beaux arbres. L'ensemble donnait l'impression de se trouver dans une clairière de conte de fées. La personne que j'avais conduite là m'a invitée à me désaltérer et j'ai accepté. Nous nous sommes retrouvées dans un vaste hall où la lumière du jour se mariait avec des lumières indirectes. Sur le côté droit, j'ai observé des meubles intégrés à la structure en béton de la bâtisse, des fauteuils et deux canapés arrondis entouraient une table basse ovale. Sur le côté gauche un escalier en marbre et fer forgé s'enfonçait dans le sous-sol. Partout des arbres d'appartement grimpaient vers le plafond arrondi de la pièce. Il se dégageait de cet ensemble une ambiance extraordinaire, paisible, sereine, calme, et j'avais l'impression d'être aspirée vers le cosmos dans cette pièce arrondie de partout. Il n'y avait pratiquement aucune ligne droite, et l'harmonie était parfaite. Je ne puis décrire avec des mots l'impression que cet ensemble dégageait. Mon hôte m'a servi des jus de fruits, puis elle m'a dit :

– « Je désirerais vous présenter mon père. Il fait des choses qui devraient vous intéresser ».

Bien sûr, j'ai acquiescé, toujours curieuse de nature. Cette personne m'a alors conduite vers le sous-sol en empruntant l'escalier que j'avais vu en entrant. Elle a ouvert une porte et je me suis retrouvée dans un véritable laboratoire de recherche, parsemé d'instruments que je ne connaissais pas. J'ai été dirigée vers le fond de la vaste pièce où un homme d'âge respectable, en blouse blanche travaillait à une table. Il s'est relevé à notre entrée, s'est dirigé vers nous et m'a tendu la main avec un large sourire. Il m'a dit sans préambule :

– « Voyez-vous, mon amie, mon rôle ici consiste à préparer les technologies du futur afin que les hommes apprennent à les construire et les utiliser pour leur confort et leur développement. Mais ceux-ci ne sont pas encore prêts à recevoir ces technologies. Ils les recevront lorsqu'ils auront atteint plus de maturité et de sagesse, car ces technologies sont puissantes, et ils pourraient mal les utiliser pour l'instant ».

Je lui ai alors demandé :

– « Mais pourquoi y travailler maintenant et dans le secret ? A quoi cela sert-il ? ».

Et il m'a répondu :

– « Afin que la science évolue correctement sur cette Terre, il faut des points d'appui au niveau de son sol, car les véritables informations viennent d'ailleurs. A travers mon travail, se formeront des concrétisations dans la pensée de certains hommes, en temps voulu, au compte-gouttes, et selon l'ouverture des consciences. Mais, soyez rassurée, les technologies que je prépare pour les hommes ne ressemblent pas à ce qui est fait actuellement. Elles sont propres, sans pollution aucune, et bien plus puissantes que ce que vous pouvez imaginer ».

Puis, il m'a montré quelques réalisations, dont je ne garde aucun souvenir. Après quoi sa fille m'a reconduite à ma voiture. J'ai repris le chemin de l'autoroute, et au moment où je me suis retrouvée sur celle-ci, oh ! Surprise, j'ai remarqué que j'avais dépassé Aix-en-Provence. Je me suis mise à réfléchir et j'en ai conclu que je m'étais décalée dans l'espace et dans le temps alors que la voiture avait continué à rouler sans que j'en sois consciente sur plus de 60 kms ! Mon corps matériel était resté dans cette voiture roulant à une vitesse de 130 km/heure parmi la circulation, alors que je vivais en même temps et physiquement une aventure sur un autre plan. Je suis sûre que j'ai vécu cette aventure réellement, cela n'a pas été un rêve bien que je ne puisse en fournir la preuve. Mais, une fois de plus, il y a des choses que l'on ressent et que l'on ne peut remettre en cause.

Voyage dans une alvéole espace-temps

… Aujourd'hui, je vais relater une autre aventure que je viens de vivre, une nouvelle initiation, un témoignage à faire.

Ce matin, j'ai dû me déplacer dans la banlieue parisienne pour mon travail.

Je venais de quitter la Porte de Clichy et je roulais en rêvassant, car j'avais encore un peu sommeil. Je ne faisais pas trop attention à la circulation lorsque j'ai abordé un large carrefour. Alors que je m'engageais dans ce carrefour, j'ai vu débouler à toute allure une fourgonnette blanche sur ma gauche. J'ai eu juste le temps de tourner brusquement mon volant vers la droite afin d'essayer d'éviter un choc frontal. Mais, le choc eut lieu tout de même et les deux véhicules se sont heurtés en parallèle. L'instant d'après je me suis retrouvée au-dessus de la scène à regarder le conducteur de la fourgonnette sortir de son véhicule et tourner autour de celui-ci, et oh ! Miracle, ma R5 ne s'y trouvait plus. Je l'ai vu se gratter la tête, observer la tôle froissée sur le côté droit de son véhicule, et ne rien comprendre à cet incident. Moi-même, je ne me suis même pas demandée ce que je faisais au-dessus de cette scène. Puis, la vision s'est brouillée.

L'instant d'après, je me suis rendue compte que je me trouvais toujours dans ma voiture. A travers les vitres, je voyais un étrange brouillard qui entourait le véhicule. J'ai ressenti alors une sensation bizarre d'étouffement, plus d'autres sensations subtiles que je ne saurais décrire. N'y comprenant plus rien, j'ai pris la décision de descendre du véhicule afin de mieux cerner la situation. J'ai ouvert la portière et j'ai essayé de poser le pied parterre, et… il n'y avait pas de sol ! J'ai cherché un point d'appui, mais n'en ai pas trouvé ! Je n'ai pratiquement jamais eu peur dans ma vie, mais à ce moment-là, j'ai été sous l'emprise d'une intense émotion, et d'un début de panique, la peur de l'inconnu que l'on ne maîtrise plus, l'aberration même. Je me suis mise à parler tout haut :

– « A l'aide, mes guides, je ne sais pas ce qui se passe, venez me sortir de là ».

Aussitôt, j'ai entendu une voix parfaitement distincte en moi-même qui m'a dit :

– « Tu te trouves dans une petite alvéole espace-temps. Il n'y a pas de dimensions, c'est comme un bourgeon d'espace qui ne débouche sur rien. Ceux d'entre vous qui se retrouvent à passer la porte espace-temps du Triangle des Bermudes, ou du Triangle du Diable, lorsqu'elles sont ouvertes, se retrouvent dans le même type d'espace-temps, mais ces autres alvéoles sont beaucoup plus vastes. Nous sommes obligés de les recueillir et de les transférer ailleurs. Nous te raconterons cela un jour. Pour l'instant, nous allons te transférer sur ton plan de vie habituel. Sache simplement que nous t'avons fait vivre cette expérience pour que tu comprennes ce que représente une alvéole espace-temps. Cette expérience va te servir plus tard. Tu sais que pour comprendre quelque chose au niveau de sa conscience, il est préférable de le vivre. Il n'y a pas de meilleure prise de conscience que le vécu ».

L'instant d'après, je me suis retrouvée à l'intérieur de ma voiture à 2 kms du fameux carrefour, en train de rouler vers le lieu de mon rendez-vous ! Là encore, je venais de parcourir une distance, non consciente, au volant de mon véhicule, tout en ayant une initiation par le vécu, par le senti. Aussi incroyable que ces aventures puissent paraître, je livre ce qui s'est passé.

Interventions sur un plan parallèle

… Ce soir, je vais écrire une nouvelle aventure qui m'est arrivée, il y a trois jours. Habituellement je retranscris les événements importants de ma vie le plus tôt possible pour écrire dans l'ambiance de mon vécu, mais cette fois-ci, je n'étais pas dans ma région. En effet, je suis allée passer quelques jours chez des amis à Montélimar. Outre le plaisir de les rencontrer, j'en ai profité pour me faire une ventrée de nougat fabriqué artisanalement à l'ancienne, ce que l'on ne peut plus trouver ailleurs.

Ce jour-là, mes amis étaient pris par leur travail et ils m'avaient conseillé de profiter de mon temps libre pour aller visiter des grottes troglodytes qui se trouvent près de la ville de Bollène, dans la Drôme, à peu de distance de chez eux. Ce site est peu connu, car il ne représente rien de particulier. Nous étions un mardi et il n'y avait personne dans les environs.

Je suis entrée dans la première grotte que j'ai rencontrée. Elle était assez grande, environ 15 m sur 10. Elle était totalement vide, mais j'ai ressenti rapidement une ambiance bizarre, comme si elle était habitée, comme s'il y avait des présences ; j'ai même ressenti des odeurs d'animaux. J'en ai déduit que des moutons ou autres avaient dû se réfugier dans cet endroit récemment, avec leur berger. Je suis restée dans cette grotte un petit moment pour approfondir mes sensations, mais mon malaise persistait. J'ai alors décidé de m'asseoir et d'entrer en méditation, car l'endroit était calme et silencieux.

Au bout d'un moment, je me suis rendue compte que je me projetais psychiquement vers l'extérieur de la grotte, vers la plaine du Rhône qui s'étendait au pied de cette colline. J'ai tout de suite senti que je ne me trouvais plus sur le même plan. Le paysage n'était plus le même, il ressemblait toujours à celui que j'avais vu en arrivant, mais sans les infrastructures et habitations existantes, et avec beaucoup plus de nature. En observant ce paysage, je me suis rendue compte que des êtres se trouvaient dans la plaine et, spontanément, je me suis déplacée par la voie des airs pour me diriger vers eux. Visiblement, ils vivaient ici à demeure. J'ai observé ce nouvel environnement avec attention.

Leur habillement et leur mode de vie ressemblaient à l'époque de notre moyen âge. Mais voici qu'à ma grande surprise, quelques êtres m'ont aperçu et se sont dirigés vers moi sans manifester de peur, peut-être de la surprise. Je me suis présentée comme étant un voyageur étranger, mais sans donner d'autres informations. Par contre, je leur ai demandé qui ils étaient et ce qu'ils faisaient ici, et une conversation s'est engagée. Ils m'ont gentiment expliqué qu'ils vivaient en paix et en harmonie dans une colonie comportant une centaine d'individus. Ils cultivaient la terre, avaient des charrettes, des animaux de trait et des animaux domestiques. L'ambiance était foncièrement moyenâgeuse.

L'être qui parlait s'est présenté comme le chef de leur communauté. A côté de lui se tenait un autre être habillé d'une longue robe brune. Il ressemblait à un ecclésiastique et il tenait sous le bras une sorte de grand parchemin. Ils m'ont expliqué qu'ils étaient végétariens, mais que, s'ils n'avaient pas assez à manger, ils consommaient des lapins qui foisonnaient dans leur région. Ils m'ont dit qu'ils vivaient dans le partage et l'équité. Le prêtre a dit qu'il avait senti ma présence, qu'il m'avait aperçue et, croyant à une sorte d'apparition, à quelque chose de surnaturel et de mystique, en avait averti le chef qui s'est mis à sonner de la corne afin d'alerter les membres de ce groupe, Effectivement, quelques dizaines d'individus m'entouraient maintenant. Ils avaient l'air impressionnés, et certains apeurés. Je leur ai expliqué qu'il n'y avait rien de surnaturel en moi et je leur ai donné quelques explications sur notre monde actuel, mais sans entrer dans les détails. Le grand prêtre m'a expliqué qu'il m'avait aperçue dans une forme voilée et diaphane, tout à fait surnaturelle, d'où sa déduction. J'ai compris alors que, venant d'une autre dimension par rapport à eux, leur perception était altérée par rapport à ma réalité. Il a même rajouté que certains d'entre eux ressentait ma présence, mais sans me voir, d'où une certaine peur liée à leur inconnu. Je me suis rendue compte en cet instant que nous-mêmes, dans notre dimension, nous étions confrontés aux mêmes phénomènes par rapport aux apparitions et aussi par rapport à des sensations que nous ne savions pas expliquer. J'ai réalisé que les êtres qui venaient d'autres dimensions pour entrer en contact avec nous devaient être confrontés aux mêmes phénomènes. Tout à coup, la vie prenait une nouvelle ampleur, et agrandissait ma compréhension des choses. Les limites du possible se reculaient une fois de plus. J'en étais toute émue. Mais, j'ai dû me reconcentrer sur ce que je vivais en cet instant. Le chef de la tribu me disait qu'ils ignoraient qu'une autre forme de vie existait ailleurs.

Dans la conversation, j'ai eu la confirmation que l'endroit où ils vivaient correspondait géographiquement à la plaine qui se trouvait sous mes pieds. Le mot « plan parallèle » prenait ici son sens plein.

Au bout d'un moment, j'ai senti que je ne pouvais plus maintenir la pression psychique, j'ai pris congé de ces êtres en les remerciant de leur gentillesse et je suis revenue à notre réalité. J'ai repris conscience de mon plan de vie et je me suis retrouvée toujours assise dans la grotte.

J'ai été troublée par ce contact. Je n'ai pas compris la présence ici de ces êtres qui semblent appartenir à une époque de notre histoire, et sans communication aucune avec notre époque. Qui sont-ils et pourquoi vivent-ils ainsi ?

Bien évidemment, je n'ai pas raconté cet épisode à mes amis en retournant chez eux dans la soirée. Ils se seraient posés de sérieuses questions sur mon intégrité mentale ! D'autant plus qu'ils avaient préparé, pour me faire plaisir, un délicieux repas arrosé d'un bon vin de pays.

Mais, je ne pouvais en rester là. Il fallait que j'établisse un contact avec un guide, ou une autre entité de Lumière afin d'obtenir des explications. Le soir même, bien calée dans mon lit, j'ai entrepris une longue méditation. J'ai fait des exercices pour augmenter ma vibration de base et, lorsque je me suis sentie prête, je me suis exprimée ainsi :

– « Je désirerais effectuer une demande aux instances supérieures. Est-il possible que l'on me donne quelques explications sur ce que j'ai vécu cet après-midi ? J'ai besoin d'avoir un complément d'informations, afin que je puisse assimiler les choses. J'ai besoin d'élucider ce mystère. S'il vous plait, j'ai besoin d'un contact ».

Et une voix intérieure s'est fait entendre très clairement. Je reporte le dialogue qui s'est effectué entre l'entité et moi-même cette nuit-là :

– « Un mystère, comme tout mystère, s'avère ne plus en être un dès l'instant où l'on a accès à des explications, car il y a toujours des explications logiques à toute chose. C'est pourquoi, pour nous le mot mystère n'existe pas. De toute façon, il était prévu que nous te contactions par la voie de ton canal intérieur, tu comprendras pourquoi tout à l'heure ».

– « Avant d'aller plus loin, peux-tu me dire qui tu es ? ».

– « Je suis un guide d'évolution. Je me situe sur un plan appelé Shamballa. De là où j'agis, j'ai une vision globale sur tout ce qui se vit dans Gaïa, tant sur le plan incarné matériel, que sur les autres plans subtils attachés à cette sphère cosmique. Mon nom vibratoire peut se traduire dans ton langage par Mitria.

Mais voici ce que nous avons à te dire :

Lorsque tu t'es décalée sur le plan parallèle, tu étais bien tangible dans ta réalité mais, en fonction d'un décalage de fréquence entre toi et ces êtres, certains t'ont perçue comme une apparition. Ils ont vu une partie physique de ton corps, accompagnée d'une partie de tes énergies auriques, d'où une impression de voile mouvant. Manifestement, ils t'ont vue avec leurs yeux physiques, mais ils n'étaient pas suffisamment développés psychiquement pour voir autrement.

Par contre, certains autres ont senti ta présence, mais sans te voir, sans te déterminer, d'où une peur de l'inconnu, la peur de ce qu'ils ne pouvaient appréhender.

A l'époque de votre Moyen-âge, un certain nombre d'êtres, vivant dans cette région de la Drôme où tu t'es déplacée, ont refusé les violences coutumières de leur vie, se sont renfermés en eux-mêmes en refusant cette civilisation et ces façons de vivre. Lors de l'ouverture d'une porte espace-temps dans le lieu de leur habitation, ils ont été aspirés, et se sont retrouvés dans un plan parallèle. Les plans de ce type sont des alvéoles fermées, ne débouchant pas sur le cosmos. Les instances supérieures les ont laissés évoluer à leur guise, dans une ambiance qu'ils recherchaient. Mais, il est temps maintenant qu'ils réintègrent la réalité de votre plan matériel, sinon ils vont commencer à se cristalliser dans leur conscience. Connaissant tes possibilités, nous t'avons dirigée vers cet endroit afin que tu prennes contact avec eux. Le but maintenant est de leur proposer de migrer dès leur prochaine incarnation sur votre plan afin qu'ils poursuivent leur évolution dans de bonnes conditions, en milieu ouvert.

Nous te proposons d'effectuer un travail pour les êtres que tu as rencontrés. Etant donné que tu as pris contact physiquement avec eux, cette action peut se faire en passant directement par le plan astral, il est donc inutile que tu te rendes à nouveau sur place. Ta rencontre a ouvert une trame interdimentionnelle et des codes ont été mis en place entre ces êtres et toi. Les connections ayant été faites, par ta pensée, tu peux les contacter directement.

Ce second contact pourra se faire durant ton sommeil, sans que tu en sois purement consciente d'ailleurs.

Tu devras leur donner des explications concernant les causes de leur vie actuelle, et des propositions concernant la poursuite de leur existence. Le dialogue devra se faire avec le chef du clan et le grand prêtre, qui devront se charger de transmettre les informations aux autres membres de la tribu, afin qu'ils prennent chacun leur décision en fonction de leur libre-arbitre.

Tu devras leur donner le choix, soit de réintégrer, après leur désincarnation, leur ancien plan d'évolution, c'est-à-dire le vôtre, soit de rester sur leur plan actuel avec le risque qu'ils se cristallisent dans leur conscience, et que leur évolution en soit plus difficile.

Tu leur rappelleras que le plan où tu es incarnée est en relation avec le cosmos, et c'est là où la véritable évolution s'effectue.

Ceux qui ne se sentent pas prêts garderont la possibilité de rester là où ils sont actuellement, jusqu'à une prochaine occasion.

Comprends-tu ce que nous te demandons ? ».

– « Oui, je pense avoir tout compris, mais je voudrais te poser une question : Pourquoi ne faites-vous pas ce travail vous-mêmes. Pourquoi avez-vous besoin de quelqu'un comme moi ? ».

– « Notre action se situe des plans de la Lumière vers les plans denses, mais nous ne pouvons aller trop bas sans créer des perturbations en fonction de nos vibrations. C'est pourquoi, nous avons besoin de balises incarnées et préparées pour effectuer des missions plus facilement que nous-mêmes. De tous temps, des êtres de tous les niveaux d'évolution ont foulé votre sol afin d'y effectuer des interventions, dont certaines ont été très importantes pour l'évolution de l'espèce humaine terrienne.

Si, dans ton libre-arbitre ou à travers une faiblesse de ton intuition, tu ne t'étais pas rendue dans cet endroit, quelqu'un d'autre aurait été pressenti pour faire ce travail.

Prends conscience de l'importance d'être constamment à l'écoute de ton intuition, et d'agir en fonction de cette intuition, et en confiance. Chacun doit être à sa place et pouvoir être opérationnel, quelle que soit son activité au sein de la société, ou en dehors.

Tous les êtres qui s'éveillent aux valeurs universelles, qui deviennent conscients des véritables valeurs de la vie, et qui désirent être au service de la Lumière, sont sollicités en cette période de grande mutation planétaire. Et, c'est l'ensemble d'une infinité de petites ou grandes actions qui permettent au Plan d'avancer. Il n'y a pas de hiérarchie d'action dans l'évolution. La hiérarchie des valeurs a été inventée par les ego des hommes. Au niveau du cosmos, l'échelle des valeurs est horizontale, car tout le monde est au même niveau d'action, même s'il existe des différences provisoires dans les états de conscience. Au niveau de votre évolution, il n'y a pas de petites et de grandes actions, il y a une chaîne où chaque maillon doit être à sa place et tenir son rôle, car si un maillon casse et se perd, il faut du temps et des énergies pour le remplacer. Tout ceci pour dire que chacun peut et doit avoir un rôle à jouer, et qu'il ne vous appartient pas de décider si ce rôle est grand ou petit, utile ou non, valorisant ou non, reconnu ou non. Ces notions sont des inventions humaines d'esprits non développés, et basées sur de fausses valeurs. Il est temps maintenant que chaque chose soit remise à sa place, cela vous a été répété souvent, mais je m'attarde à nouveau sur cette philosophie de la pensée et du comportement.

– « Je te remercie pour tes précisions. Quand dois-je me programmer pour effectuer ce que tu me demandes ? ».

– « Dès cette nuit, si tu le veux bien ».

– « C'est d'accord, mais je désire être guidée moi-même, afin que j'effectue correctement cette intervention ».

– « Sois rassurée, nous travaillerons de concert, et tu ressentiras en toi-même ce que tu dois dire ».

Au moment où j'écris ces lignes, je me rends compte que j'ai participé consciemment à une facette de l'évolution, à une phase de la vie, de la vie élargie ; celle qui se manifeste sur tous les plans, dans toutes les dimensions. Et cela me donne envie d'en savoir plus, et d'en faire plus.

Les Menhirs de Carnac

… J'avais décidé, ces derniers temps, de prendre quelques jours de vacances pour visiter la Bretagne, et l'itinéraire que j'avais choisi passait par Rennes et Vannes. J'aime bien partir à l'aventure en choisissant un vague itinéraire au départ pour ensuite me laisser guider par mon intuition. Cela m'amène souvent à des découvertes impossibles à prévoir.

Et effectivement voici ce qui s'est passé.

Après avoir dépassé la ville d'Auray, après Vannes, des panneaux indicateurs m'ont averti que je me trouvais tout près des fameux alignements de Carnac. Je savais que cet endroit était célèbre pour ses alignements de plusieurs milliers de mégalithes, dont l'origine reste toujours obscure aux yeux de l'histoire et de l'archéologie. Il m'a paru évident que je devais m'y rendre pour visiter ce site. Etant hors saison il y avait peu de monde sur place ce qui a été un avantage pour moi, car, dès que je me suis trouvée sur place, j'ai éprouvé le besoin de ressentir les énergies qui se dégageaient de ces mégalithes dont certains sont impressionnants. J'ai éprouvé du plaisir à observer leurs formes surprenantes et à caresser le granit dont ils sont constitués. Certains avaient des formes toutes en arrondi, ressemblant de la pâte à modeler, alors que d'autres avaient des pans coupés, comme si on les avait taillés. Certains dégageaient de fortes énergies, et d'autres pas du tout. Il y avait bien un mystère en cet endroit. J'ai donc décidé d'acheter de la documentation dans une librairie d'Auray et de retourner ensuite sur place.

J'ai donc appris que certains chercheurs soupçonnaient que ces mégalithes étaient reliés à la civilisation celte qui avait dominé la majeure partie de l'Europe occidentale et centrale au cours du 1er millénaire av. J.-C. Mais d'autres estimaient que les derniers mégalithes avaient été façonnés plus de 1 000 ans avant l'apparition des Celtes.

Quoi qu'il en soit, l'endroit était envoûtant pour moi, et j'ai soupçonné une grande force derrière ce mystère. J'avais envie d'en savoir plus, mais comment faire ? Je n'ai visité qu'une partie de cet immense domaine et à la fin de ma visite, vers la fin de l'après-midi, j'ai décidé d'effectuer une méditation en ce lieu, comme pour mieux ressentir la véritable histoire de ces mégalithes. Comme il faisait froid, je l'ai faite à l'intérieur de ma voiture. Au bout d'un moment dont je ne peux mesurer la durée, je me suis sentie toute engourdie, comme si j'allais m'endormir. Pourtant, je n'avais pas froid dans mon chaud manteau.

Tout à coup, et sans que je ne l'ai pressentie, j'ai entendu en moi-même une voix fluette et douce qui a commencé à s'exprimer ainsi :

– « Bonjour amie, je suis Arwin.

J'ai perçu tes interrogations. Il se trouve que j'ai effectué plusieurs incarnations dans le peuple druidique pour mon évolution et je peux répondre à certaines de tes questions. Voici ce que je puis t'en dire :

Le peuple Celte était bien plus ancien qu'il ne le paraît, et le Druidisme possédait des responsabilités au niveau de l'évolution des hommes depuis bien longtemps.

Les origines du peuple druidique remontent à presque 10 000 de vos années. A cette époque l'Univers a façonné une énergie en forme d'épée et l'a densifiée sur le plan matériel afin que cette énergie aide les civilisations post-atlantéennes à évoluer. Cette nouvelle civilisation, la vôtre, devait s'ouvrir à une conception spirituelle de la vie. Afin que les hommes de la nouvelle génération soient aidés vers cette ouverture, les responsables de l'Organisation Cosmique ont décidé d'apporter sur Terre des énergies cosmiques puissantes qui agiraient dans le secret. Ces énergies devaient être concrétisées au niveau de la matière, et gardées par des initiés à travers les âges, dans un peuple sage et parfaitement intégré dans les énergies de Gaïa. La première de ces énergies cosmiques, en forme d'épée est appelée « Excalibur ».

Il y a 12 000 ans, tout de suite après la disparition de l'Atlantide, une sphère évoluée faisant partie du système stellaire d'Alpha du Centaure, fut chargée de sa conception énergétique sous la forme d'une épée de Lumière.

Bien sûr, cette énergie n'a rien à voir avec toute forme de violence, et ne peut en aucun cas être assimilée aux épées meurtrières de l'histoire de l'homme. Certains initiés, incarnés chez les Celtes dans ce but, ont été les gardiens de cette épée densifiée dont l'énergie se répandait sur toute la planète. Mais là n'est pas le sujet du moment. Cela pour dire que ce peuple druidique était un peuple initiatique, et que nombre de ceux qui s'incarnaient parmi ce peuple, voulaient travailler consciemment à leur évolution. Un rôle important était dédié aux prêtres dont le nom est « le Druide ». Les Druides étaient des initiés conscients des lois de la Nature et du Cosmos, et qui agissaient en tant que guides spirituels. Ils assumaient d'ailleurs aussi les rôles d'enseignants, de juges, et d'administrateurs.

Parmi les enseignements donnés aux élèves, certains avaient trait aux concentrations mentales, et à la densification des énergies. Les environs de Carnac, à une époque reculée, représentaient un haut lieu d'initiations et des cérémonies importantes s'y déroulaient à certaines époques de l'année. Il faut te dire qu'en ce temps-là l'endroit était désert et perdu au milieu d'une immense forêt. D'ailleurs, pour s'approcher de cet endroit, les adeptes devaient passer certaines portes énergétiques, lors de ces cérémonies.

Il se trouvait que certains, en guise d'examen de fin d'étude, devaient densifier par la seule force de leur pensée, une forme oblongue dressée sur le sol, en présence des maîtres Druides. Auparavant, dans une petite cavité qui devait recevoir la forme, ils déposaient quelques objets usuels pour signifier la liaison entre la vie matérielle, sociale et la vie spirituelle. Et, ils se mettaient au travail dans une position de méditation concentrée sur le but à atteindre. Au bout d'un certain temps qui variait de quelques heures à plus d'une journée, une forme éthérée commençait à se dessiner dans les trois dimensions. Puis elle se densifiait progressivement jusqu'à devenir parfaitement matérielle.

As-tu des questions à poser ? ».

– « Oui. Ces formes densifiées sont faites de granit, de granit des environs. Je ne vois pas le lien avec ces densifications ».

– « Les adeptes concrétisaient des énergies environnantes, et devaient recréer la structure du granit afin que ces menhirs ne paraissent pas anormaux aux yeux d'autrui. N'oublie pas que ces cérémonies étaient secrètes et ne pouvaient être comprises que par des initiés. Elles concernaient l'évolution et les futures missions de ces êtres. Elles ne concernaient pas les membres de ce peuple qui ne pouvait avoir accès à cet enseignement réservé à certains. Pour les initiés, cela faisait partie de plans établis pour eux avant incarnation. D'autre part, tout le monde ne pouvait recevoir ces enseignements. Un peuple peut être porteur de hautes énergies, mais tous les membres qui le composent ne sont pas forcément des initiés. Il y a tous les degrés d'ouverture de conscience. Cela se passe de la même manière à votre époque et dans vos civilisations ».

J'ai repensé alors à la surprise que j'avais eue en constatant les formes particulières des menhirs. Ils étaient tous de dimensions différentes, de formes différentes, et certains ressemblaient effectivement, surtout à la base, à des formes modelables concrétisées.

Arwin qui suivait ma pensée ajouta :

– « Tu as vu juste, mais peu de visiteurs le remarquent. Il y eut d'autres lieux d'initiations, mais celui de Carnac reste le plus important.

Une remarque toutefois : Bien plus tard, des êtres regardant des mégalithes, ont pensé à des objets de culte, et ont voulu les reproduire dans des buts religieux. Ils ont alors taillé de manière traditionnelle des formes ressemblantes dans le granit environnant et les ont dressées. Là, le but et la signification n'ont rien à voir avec ceux antérieurs. Lorsque tu en rencontreras, il faudra faire la distinction.

Maintenant je dois te quitter. Mille tendresses ».

Après un petit moment de récupération, durant lequel je me suis remise de ma surprise et de mon émotion, mon attention est revenue à la réalité de cette fin d'après-midi. J'ai regardé les promeneurs à travers la vitre de mon véhicule et j'ai pensé : C'est incroyable. Je viens de communiquer avec un être qui vit dans une autre dimension, je fais des bonds dans le temps, nous révolutionnons l'histoire, et dans le même lieu des gens passent, indifférents devant ces objets sans se poser de questions. Ils restent enfermés dans leur bulle de conscience, à penser à leurs problèmes quotidiens, devant une merveille initiatique de la nature. Il faudra bien que tous ces êtres apprennent à s'éveiller, à se réveiller, eux aussi.

Le Dolmen de Lannion

… La suite de mon voyage s'est déroulée agréablement, presque sans pluie, ce qui est étonnant pour cette saison. Je n'ai rien à préciser sur les conditions de mon voyage jusqu'au moment où, de nouveau, j'ai basculé dans le fantastique.

J'étais sur la fin de mon périple et je me trouvais alors à Lannion, dans les Côtes d'Armor au nord de la Bretagne. J'y ai rencontré une charmante dame et, autour d'une galette bretonne arrosée d'un bollet de cidre, elle m'a décrit en termes chaleureux sa région. Notre conversation nous a amené à parler des mégalithes. Je n'ai pas parlé de mon contact avec Arwin. A qui pourrais-je faire ce genre de confidence sans me faire passer pour une dérangée mentale !

Par contre, je me suis sentie toute excitée lorsqu'elle m'a proposé de me faire visiter un dolmen qui l'intriguait. Elle m'a expliqué que, lorsqu'elle s'en approchait, elle ressentait comme un malaise indéfinissable et elle ne savait pas à quoi cela correspondait. Elle voulait avoir mon avis. Ma crêpe au rhum et chantilly engloutie, nous avons pris nos dispositions pour nous rendre sur le lieu du mégalithe. Celui-ci se trouve dans une propriété privée, et elle a dû demander l'autorisation au propriétaire du lieu, qui est un de ses amis, pour accéder à l'endroit où est dressé le dolmen, ainsi que la clé du portail qui ouvre le chemin.

Nous nous sommes approchées lentement du dolmen sans que je ressente quelque chose de particulier. Mon amie, en ma présence, n'a rien ressenti de particulier non plus ce jour là. Nous pouvions nous tenir debout sous l'énorme pierre, et nous avons décidé d'entrer en méditation toutes les deux afin de tenter d'éclaircir le problème.

Au bout d'un bref moment, une voix s'est faite entendre, non plus à l'intérieur de moi-même comme cela s'était déjà produit, mais à travers mes cordes vocales, et j'ai pu entendre sa voix avec mes oreilles. Elle s'est exprimée ainsi :

– « Bonjour mes amis.

Je suis le gardien de cet endroit. Il y a bien longtemps, il existait ici une porte espace-temps qui servait à l'initiation de certains élèves Druides. Les Maîtres Druides ont densifié au droit de cette porte ce que vous appelez un dolmen. En fait, ce mégalithe représentait la concrétisation de la porte. Cette porte, ainsi que les autres, étaient des phénomènes naturels qui étaient utilisés par les initiés.

Il faut vous préciser que de tels monuments n'étaient pas construits n'importe où, mais uniquement dans des endroits énergétiquement puissants, ou tout au moins qui étaient puissants à l'époque, car depuis bien des choses ont changé. Actuellement, la plupart des portes espace-temps ne sont plus actives. Par contre, celle-ci reste encore active de temps en temps, d'où ma fonction. Lorsque je perçois un être sensible à ce type d'énergie, j'émets des forces de répulsion afin qu'il ne reste pas sous ce dolmen. Car, si la porte s'ouvrait à ce moment, il pourrait être projeté psychiquement dans d'autres dimensions. N'ayant pas la connaissance voulue, l'être pourrait en être perturbé, et même choqué. Aujourd'hui, il n'y a pas de problème en ce qui vous concerne, car Christelle a été initiée à ces possibilités et elle sait les maîtriser.

Ces portes, contrôlées par les Druides, servaient à l'initiation des élèves. En passant par ces portes, la connaissance des autres plans et autres dimensions leur était facilitée, mais ils avaient besoin de points de repères matériels, d'où la construction de ces dolmens. Actuellement vous avez la possibilité de vous décaler vers ces plans sans avoir besoin de ces portes, le psychisme de l'humanité s'étant développé. Un bon professeur vous suffit.

Avez-vous des questions à poser ? ».

J'ai senti que mon amie était trop émue pour pouvoir concrétiser ses pensées et poser elle-même des questions. Quant à moi, je ne suis jamais à court de questions pour répondre à ma curiosité. Après tout, ce sont les gens curieux qui obtiennent le plus de réponses n'est-ce pas !

Je me suis rendue compte à ce moment-là que, tout en faisant passer la vibration de cet être qui n'était pas matériel, à travers mes cordes vocales, je restais néanmoins suffisamment consciente pour pouvoir poser moi-même des questions. J'ai voulu donc m'exprimer et j'ai pris la parole.

– « Tu as prononcé le mot densifié. Est-ce que les dolmens étaient façonnés de la même manière que les menhirs initiatiques ? ».

Le phénomène m'a paru très curieux. J'entendais notre instructeur à travers un brouillard, mais j'entendais ma voix, qui concrétisait ma pensée, à travers un brouillard aussi.

– « Oui. Mais dans le cas des dolmens, ce travail était laissé aux soins des Druides eux-mêmes, et non des élèves. Par concentration de leur pensée et de leur potentiel psychique, ils concrétisaient les quatre piliers, puis à côté, ils concrétisaient la dalle au sol. Ensuite, grâce à des techniques perdues, notamment l'utilisation des sons, ils déplaçaient la table sur les piliers mis en place auparavant, et ceci par téléportation. Vous remarquerez qu'il n'y a pas d'angles cassants sur cet édifice, car il a été construit par densification.

Par contre, plus tard, d'autres êtres qui n'avaient pas la connaissance, voyant ces monuments les ont reproduits par des techniques traditionnelles, mais sans en connaître la signification exacte, et ils les ont installés un peu partout.

Il est temps maintenant d'arrêter notre conversation. J'espère avoir répondu à votre attente, et merci pour votre travail ».

Les connaissances que nous venions d'avoir sur les Dolmens complétaient bien celles concernant les Menhirs. Mais bien des questions restaient encore en suspens, notamment tout le contexte celtique, et la fameuse épée Excalibur. Je me promettais d'obtenir des renseignements sur ces sujets lorsque l'occasion s'en ferait sentir, mais tant de sujets étaient déjà en attente !

A la fin de cette nouvelle aventure, j'ai senti que mon voyage initiatique prenait fin, et qu'il était temps de rentrer à Paris. D'ailleurs, il ne me restait plus assez de temps pour musarder.

Sur le retour, tout en conduisant ma voiture, j'ai réfléchi à la façon dont se déroule ma vie. Il semble que peu de choses soient laissées au hasard. J'ai compris que, sans m'en rendre compte, je suis poussée à aller dans certains endroits, à rencontrer certaines personnes, qui vont me permettre de vivre une initiation. Il doit y avoir une trame derrière tout cela, mais je n'arrive pas à la déterminer. Je sais que je suis guidée suivant un plan établi avant mon incarnation, et qui correspond à mon évolution, mais je n'arrive pas à en déterminer la logique ici-bas. Peu importe d'ailleurs. Je fais confiance en l'Univers. Mon but est d'essayer de bien faire les choses.

La civilisation druidique

… Il était dit que les enseignements que je devais recevoir au sujet de la civilisation druidique ne devaient pas s'arrêter à Lannion.

Après avoir effectué un voyage galactique dans ma conscience, après avoir rencontré des êtres du cosmos, après avoir voyagé et être intervenue sur des plans parallèles, voici que maintenant j'approfondissais la civilisation druidique, comme jamais aucun être humain ne l'avait fait à ma connaissance. Je ne suis pas en mesure de comprendre le fil conducteur de tout cela, mais, comme je l'ai écrit dans le chapitre précédent de mon journal, ce fil d'Ariane me mène quelque part. A moi d'avoir la patience de le suivre selon un rythme qui ne dépend pas de moi. Je me rends compte que ce n'est pas moi qui décide des choses. Ce que je viens de vivre le prouve une fois de plus.

Hier, nous étions dimanche. Je n'avais rien de prévu et je comptais fainéanter chez moi en tenue d'intérieur. Or, vers le milieu de l'après-midi, j'ai senti un besoin irrésistible de m'asseoir à mon bureau avec une provision de papier et un bon stylo, ce que j'ai fait. Au bout d'un long moment de méditation et de concentration, ma main s'est mise lentement à bouger, dessinant des motifs qui n'avaient aucune signification apparente. J'ai compris plus tard que les muscles de ma main s'entraînaient à agir sous l'impulsion de vibrations venant au-delà de moi-même. Au bout d'un long moment, des lettres alphabétiques ont commencé à se manifester au milieu du fatras des signes. Après m'être restaurée pour décompresser j'ai repris l'exercice et, au bout d'un autre long moment, j'ai pu retranscrire un texte cohérent. Je le recopie ci-dessous.

« Bonsoir chère et fidèle amie.

Que la paix soit avec toi. C'est Orionix qui te parle ce soir. Nous désirons compléter tes connaissances au sujet de la civilisation celtique qui fut la civilisation spirituelle la plus importante après la disparition de l'Atlantide. Elle fut suivie, comme tu le sais par la civilisation égyptienne, avant que notre Frère Jésus, n'intervienne pour préparer la Terre à sa future expansion. Mais revenons aux Celtes.

Au-delà de ce que rapporte votre histoire officielle, il faut savoir que les premiers Celtes sont apparus après la disparition de la civilisation atlante. Ils sont partis d'Asie Mineure et se sont répandus en plusieurs branches dans le monde entier.

Ils se sont répandus sur des territoires indéfinissables, sans frontières réelles, et ne reconnaissant aucune unité politique. Ils représentaient une même pensée dans un même langage.

Si peu de documents existent sur leur culture, c'est qu'ils préféraient retransmettre leurs traditions par la voie orale, pensant que l'écriture pouvait entraver la prise en charge. La connaissance était retransmise par les druides et les bardes. Il faut préciser que ce peuple vivait très proche de la nature, les druides étaient en relation étroite avec les forces de la nature et les plans subtils de Gaïa. En plus de l'ésotérisme, ils pratiquaient la médecine et la philosophie. Les initiés étaient en relation consciente avec les esprits de la nature, et ils possédaient des capacités à manipuler les énergies de la Terre comme aucun autre peuple. Le rôle des Celtes était de sensibiliser les hommes à la nature terrestre. Ils organisaient des centres d'initiation, des écoles desquelles partaient les personnes formées vers différents pays de la Terre.

Le centre physique et psychique des Celtes fut à un certain moment la forêt de Brocéliande, en Bretagne, puis, plus tard, ce centre se déplaça au Pays de Galles.

Une des branches celtiques a migré vers l'Europe, notamment le nord-ouest de l'Europe, et a été surtout connue sous le terme de civilisation mégalithique grâce aux mégalithes qu'ils ont façonnés. Les autres branches ont été peu à peu supplantées par d'autres peuplades. Cependant la civilisation celtique a connu son apogée vers 2 000 ans av. J.-C.

Ceux qui ont migré vers l'Europe de l'ouest n'ont pas suivi les marques des civilisations sumérienne, grecque et romaine, comme les autres parties des populations.

Au VIe siècle ap. J.-C., ils se sont repliés à l'extrême bordure occidentale de l'Europe, principalement en Bretagne, Pays de Galles, et Grande-Bretagne.

L'Organisation Planétaire Humaine avait décidé de leur laisser la garde de la Lance et de la Coupe, car ce peuple était resté le plus proche de l'impact initial qui avait été donné à votre civilisation. Sans entrer dans des détails qui te seront donnés plus tard, sache que la Lance et la Coupe ont été des instruments de haute initiation, et leur véritable sens a échappé aux hommes.

A l'époque où Jésus effectuait sa mission sur Terre, les Celtes devaient en profiter pour effectuer leur passage du celtisme, qui arrivait à sa fin d'existence, au christianisme. Ces deux mouvements avaient beaucoup de similitudes au niveau ésotérique, ils avaient peu de points de divergence. Ce passage devait pouvoir se faire harmonieusement.

Parlons maintenant d'Excalibur.

Cet autre objet symbolique est resté à l'écart lors de la Mission de Jésus, mais il ne peut être dissocié des deux autres (la Coupe et la Lance) à un niveau planétaire.

Comme je viens de le préciser, l'Univers avait prévu pour la Terre un programme conçu de telle façon qu'après la disparition de la civilisation atlante, la civilisation qui suivrait devrait s'ouvrir à une conception spirituelle de la vie. Afin que les hommes de la nouvelle génération soient aidés vers cette ouverture, les responsables de l'Organisation Cosmique ont décidé d'apporter sur Terre des énergies cosmiques puissantes qui agiraient dans le secret. Ces énergies devaient être concrétisées au niveau de la matière, et gardées par des initiés à travers les âges. La première a donc été Excalibur.

Comme te l'a expliqué ma douce Arwin, il y a 12 000 ans, tout de suite après la disparition de l'Atlantide, une sphère évoluée faisant partie du système stellaire d'Alpha du Centaure, fut chargée de sa conception énergétique sous la forme d'une épée. Non pas, bien sûr, une épée qui serait faite pour tuer, mais une énergie concrétisée sous la forme d'une épée, car, sur un plan cosmique, cette forme représente la pénétration de l'Esprit en l'homme. Les futurs chevaliers initiés de l'Ordre des Templiers se sont d'ailleurs servis de ce véritable symbole lors de leurs initiations. L'épée qui tue inventée par l'homme représente l'inadéquation entre les valeurs spirituelles qui sont données à la Terre, et ce qu'en font les hommes dans leur violence et leur ignorance des Lois Universelles. Il ne faut pas confondre les impacts évolutifs qui sont donnés, et ce que les individus en font dans leur libre arbitre.

Donc, cette épée énergétique a été projetée vers la Terre et s'est concrétisée en une épée physique dans la forêt de Brocéliande il y a 12 000 ans. Cet endroit représentait déjà à cette époque un lieu cosmotellurique important dont l'action était de diffuser des informations cosmiques, afin que l'homme soit aidé dans l'ouverture de sa conscience vers la vie cosmique. Ce lieu était donc tout indiqué pour la réception de cette énergie concrétisée. Pour information, ce point d'impact a été déplacé depuis. Il existe sur Terre quelques autres points d'impact cosmotelluriques puissants qui ont des actions complémentaires.

Excalibur a été gardée durant des siècles par des initiés, et elle agissait vibratoirement dans le secret. Le dernier à avoir assumé ce rôle de gardien est le roi Arthur, premier et dernier roi Celte, qui a permis le passage des Celtes au christianisme avec ses chevaliers de la Table Ronde. Il est bien évident qu'au-delà des textes existants sur cette épopée,

Excalibur dans les mains d'Arthur n'a jamais été utilisée pour le combat.

A la fin du règne d'Arthur, l'épée a été dématérialisée. Son rôle était terminé, car l'impact christique allait prendre le relais, aidé d'autres énergies actives et symboliques.

Mais, nous y reviendrons plus tard.

Nous arrêterons là notre communication pour aujourd'hui. Nous sommes satisfaits du travail que tu assumes.

A bientôt ».

Contact avec Gaïa

… Ces derniers mois se sont passés sans qu'aucune autre manifestation ne se produise. Durant ces derniers temps, j'ai été très occupée par mes diverses activités. Je me sentais fatiguée et désireuse de prendre du repos et du recul. Le printemps s'avançait et s'annonçait ensoleillé. J'ai donc décidé de prendre des vacances et de me rendre dans une région que je ne connaissais pas, la Savoie.

Je me suis ainsi retrouvée en pleine montagne, dans les environs de Combloux. Cet après-midi, après une longue marche dans une nature magnifique, je suis restée un long moment assise, le dos contre un sapin majestueux. L'air était sec et chaud, et l'endroit était isolé des touristes. J'admirais les fleurs des montagnes tout en écoutant la mélodie du vol incessant des insectes, et sans m'en rendre compte je me décalais vers une vibration plus proche de la Nature que celle des hommes.

A un certain moment, j'ai senti dans ma tête comme un écartèlement durant quelques secondes, puis une chaleur intense a envahi l'ensemble de mon corps. Je suis restée immobile, le dos bien calé, et les yeux fermés, attendant la suite des événements.

Tout à coup, je me suis vue dans un paysage de rêve. Je me trouvais dans une zone de campagne vallonnée. La terre était couverte d'herbe de couleur vert tendre et le sol était parsemé de fleurs de toutes sortes. Sur la gauche se trouvait un promontoire rocheux aux formes très équilibrées. A travers une anfractuosité coulait de l'eau, formant une cascade d'une dizaine de mètres de hauteur, mais cette eau reflétait une multitude de diamants. J'ai alors cherché le Soleil, mais je n'en ai point vu. Le ciel était lumineux, sans que je perçoive l'astre auquel je suis habituée. La lumière venait de toute part, comme si c'était l'atmosphère qui la générait elle-même. La couleur du ciel était d'un bleu azur très lumineux aussi. Au loin, se trouvaient d'autres collines aussi verdoyantes que celle où je me trouvais. J'ai remarqué que de-ci de-là se trouvaient de magnifiques arbres d'essences différentes que je ne connaissais pas pour la plupart. Beaucoup d'entre eux possédaient de belles fleurs épanouies dans de multiples coloris, et elles avaient des formes très diverses. Elles étaient toutes de couleurs pastel dans toute la gamme de l'arc-en-ciel, et dans d'autres couleurs aussi que je ne connaissais pas.

Je me suis mise à marcher dans cette merveilleuse nature et j'ai bientôt remarqué que l'eau provenant de la cascade formait un large ruisseau qui serpentait au gré de la topographie de l'endroit. Je me suis alors retournée pour voir où il allait et j'ai eu la surprise de constater qu'il se jetait dans une mer. L'eau était calme, et reflétait toute une palette de couleurs avec des dominantes de différents tons de vert, bleu, violet, et autres nuances. Quelques petits rochers pointaient leurs diverses formes près du rivage. Il y avait même des plages d'un blanc éclatant. Je me suis attardée dans cette ambiance enchanteresse et, au cours de ma promenade, j'ai rencontré quelques animaux qui n'existent pas dans notre environnement. Certains se rapprochaient des cervidés, d'autres de races canines, j'ai même rencontré des animaux qui ressemblaient à des équidés nains. Dans le ciel, des oiseaux de type tropicaux et équatoriaux multicolores volaient nonchalamment.

Il serait trop long de décrire tout ce que j'ai perçu durant le temps de cette découverte. J'avais l'impression qu'était rassemblé ici, tout ce qu'il y avait de plus beau sur Terre, mais tout était d'une santé parfaite et tous les coloris avaient une dominante pastel. L'ensemble était très lumineux, sans que l'on se sente agressé par la luminosité. Dans cet endroit régnait un calme absolu, et une très grande harmonie de formes et de couleurs. J'ai même senti une légère brise qui parcourait l'endroit.

Durant tout ce temps, j'étais tout de même consciente d'être ce que je suis, et de me trouver dans un endroit autre que ceux de notre matière. Au bout d'un moment, j'ai eu envie de m'asseoir pour m'emplir un maximum de ce coin de paradis, et j'ai pensé que le paradis devait être cela, bien que je n'aie pas rencontré d'êtres humains. Je n'étais pas pressée de partir. Lorsqu'on rencontre la perfection, on a envie de prolonger le contact.

Au bout d'un temps que je ne saurais définir, j'ai tout à coup entendu une voix douce et forte s'exprimer en moi-même.

– « Bonjour amie humaine.

Vous m'appelez Gaïa. En effet la vibration de ce nom se rapproche des énergies de ma conscience planétaire. J'ai ressenti ton amour pour la nature et j'ai voulu te faire un cadeau. Je t'ai incitée à te décaler vers ce que certains d'entre vous appellent la dimension 4. Cette dimension de ma sphère cosmique représente la nature idéale de mon plan physique. Ici, tout est équilibré et paisible. Il y a bien 4 saisons aussi, mais elles ne sont pas aussi marquées que sur mon plan matériel. Je pourrais dire que mon plan matériel est la dimension 4 ralentie dans sa vibration. Mon plan matériel (dimensions 1 à 3) reçoit actuellement mes si violents et si bruyants locataires, les êtres humains, mais, dans le futur, lorsque votre humanité aura évolué dans son ensemble, vous aurez la possibilité de venir habiter ma dimension 4. Pour pouvoir migrer ici, les êtres humains devront être harmonisés avec les vibrations de ce plan, qualité de vibrations que tu as bien ressentie. C'est pourquoi, ce plan est vide d'humains actuellement. Dans le futur, les habitants de cette Terre ne vivront plus dans la matière, mais dans ce plan qui est bien physique comme tu peux le constater.

Je pourrais dire que c'est cette nature idéale qui se projette dans mon plan matériel, mais les agissements des hommes qui l'habitent depuis des millions d'années ont dénaturé leur demeure de matière et l'ont transformée en cette caricature de nature qui est en train de mourir.

J'accepte cela, par amour des hommes, pour qu'ils puissent évoluer vers les Plans de la Lumière. Je considère les hommes comme mes enfants, bien turbulents certes. J'essaye de les élever, de leur faire comprendre où est la Beauté, où est la Paix, où est la Sérénité, mais j'avoue que cela est bien difficile. J'espère pour eux qu'ils n'en arriveront pas à des extrémités, car ce sera alors l'Equilibre Universel qui se chargera d'y mettre de l'ordre. Oui, l'ordre et l'équilibre règnent dans l'Univers, à part quelques îlots comme mon plan matériel actuel.

Cependant, sachez mes enfants que je vous aime, et que je fais le maximum pour supporter vos errements. Je vous serre très fort dans mes bras, tous sans exception ».

Puis, la voix s'est tue. Ma conscience a réintégré mon corps matériel, et j'ai constaté que plusieurs heures s'étaient écoulées depuis le début de mon décalage.

Hélas, je ne puis retransmettre par l'écriture la vibration que j'ai ressentie à ce moment-là. J'étais comme tétanisée par la vibration de Gaïa, au niveau de chacune de mes cellules. J'ai ressenti son amour, sa puissance, la paix qu'elle diffuse. Mes yeux sont encore remplis de tant de beauté sublime, au moment où j'écris. Je suis restée longtemps dans ma position et j'ai abondamment pleuré. J'ai pleuré des larmes d'émotion, des larmes de reconnaissance. J'ai eu l'impression que je me débarrassais en même temps de toutes les tensions qui m'habitaient, et j'en avais !

Maintenant, je me sens différente, plus sereine, plus forte aussi. J'arrive mieux à prendre du recul par rapport aux nombreuses nuisances de la société et je me sens moins seule. Je ressens encore en moi la vibration de Gaïa, elle reste présente comme une mère qui surveille et protège son petit enfant.

Je pense qu'une fois de plus, après une telle initiation, je ne serai plus la même. Je me sens dès maintenant plus mature, et plus responsable aussi.

Dialogue avec un arbre guide

… J'avais, cette fois encore, décidé de consacrer quelques jours pour mon plaisir personnel, et pour moi la détente c'est, soit rester statique chez moi à vaquer à quelques occupations plaisantes (lecture, musique, films, etc.), soit voyager. Cette fois-ci, c'est le voyage qui l'a emporté. Je sentais comme une démangeaison, signe qu'il me fallait bouger pour mon équilibre et mon plaisir. J'avais décidé, pour ces quelques jours consacrés à moi-même, de réaliser un rêve qui me tenait à cœur, celui de passer une journée dans la forêt de Paimpont, nommée communément forêt de Brocéliande. Je désirais depuis longtemps visiter ce lieu encore magique, célèbre au travers des récits de la fée Morgane et de Lancelot, d'autant plus que je n'avais pas oublié ce qui m'avait été dit au sujet de ce lieu qui fut initiatique.

Profitant d'un pont de trois jours, j'ai repris la route de l'aventure, mais cette fois-ci j'avais un but précis. Je me suis donc rapidement retrouvée dans la forêt convoitée. Hier donc, par un bel après-midi doux et ensoleillé, tout en me promenant au hasard de ma fantaisie, je me suis enfoncée à l'intérieur d'un majestueux sous-bois qui était désert en cette heure.

Je me sentais poète, mon regard était captivé par tant de beauté, tant de grandeur, dans ce calme serein des grandes forêts où la végétation peut dialoguer à son aise avec le peuple des animaux qu'elle abrite et protège de la furie des hommes. Je me suis fondue à nouveau avec délectation dans la nature que j'aime tant et qui me rééquilibre, sans penser à rien d'autre.

A un certain moment, j'ai interrompu ma promenade devant un grand hêtre qui m'a attirée et j'ai désiré ressentir sa vibration propre, lui exprimer, à ma manière toute humaine, mon amour pour la nature et mon admiration pour sa majesté.

Je me suis donc allongée près de son tronc, j'ai fermé les yeux, et j'ai essayé de me rapprocher de sa vibration. Intuitivement, je me suis mise à faire quelques exercices pour ralentir mon rythme biologique tout en accélérant ma vibration de base. Le temps a passé. Je me sentais bien et en parfaite harmonie avec le lieu. Je me rendais compte que je me régénérais au contact de cet arbre. En tant que bonne parisienne, je suis peu instruite au niveau de la végétation et je ne savais même pas à quelle essence il appartenait. Mais peu importait, je flottais, en léger décalage par rapport à mon corps, tout en restant consciente, comme si j'étais près du sommeil.

Tout à coup, j'ai entendu en moi-même comme un long et profond souffle. Je me suis immédiatement concentrée sur ce que je pressentais comme étant un nouveau contact, mais je n'avais pas d'idée sur la conscience qui allait s'exprimer. J'avoue que je n'ai pas osé supposer que j'allais dialoguer avec un arbre !

J'avais appris à communiquer avec diverses consciences, mais un arbre ! Cela ne se rencontre que dans les contes de fées. Mais, si les contes de fées existaient ?

Ma cogitation a été interrompue par la voix intérieure qui s'est manifestée en ces termes :

– « Goûte ma sérénité amie.

Mon but sur Terre est d'apporter cette sérénité dont les hommes ont tant besoin. Mais plutôt que de m'appesantir sur mon but, je préfère te parler un peu de moi. Ce que vous voyez de moi, c'est mon aspect matériel. Il vous suffirait d'entrer en résonance avec mon être intérieur pour que vous vous aperceviez de mon être véritable. Ainsi que vous, avez un corps matériel humain, j'ai un corps matériel fait d'une substance qui s'appelle le bois.

Lorsque votre regard se porte vers un arbre, quel qu'il soit, c'est vers tous les arbres qu'il se porte, mais aujourd'hui ta conscience a été attirée vers un arbre en particulier, aujourd'hui la conscience du hêtre est avec toi.

Laisse-toi porter par mes énergies, sent cette énergie du hêtre pénétrer au plus profond de ton cœur, au plus profond de toi-même pour que tu gardes dans chacune de tes cellules l'impact, le souvenir de notre rencontre. Ressens-tu cette vibration en toi ?

Je te prépare à venir jusqu'à mon cœur, mais laisse-toi aller, prends ton temps, ne précipite rien, car tu as, en tant qu'humain, une vibration plus forte que la mienne. Il faut que je ralentisse celle-ci pour que ta vibration entre en résonance avec la mienne, et qu'ainsi nous puissions avoir toi et moi un contact plus étroit…

Nous sommes heureux de voir que l'homme enfin se rapproche de la Nature. Il ne pourra pas revenir en arrière, il ne pourra pas rattraper le temps perdu, mais il peut encore beaucoup pour la Nature et pour lui-même. Il faut qu'il prenne conscience que nous sommes une partie de lui-même, différente, mais une partie tout de même. Ici, sur Gaïa, tout est relié, même entre des règnes différents. Vous voyez les corps de matière, mais au niveau des consciences, les différences ne sont pas aussi marquées que vous pourriez le croire.

D'ailleurs, certains d'entre nous, à force d'Amour apporté par certains êtres sur la planète mutent et deviennent des animaux, car cela est possible, lorsque l'Amour est dirigé constamment vers nous. Nous sortons de notre staticité pour muter dans la race des animaux. Cela n'est pas donné à tous bien entendu, car tous n'ont pas le désir d'expérimenter la Lumière de cette manière, mais cela arrive pour certains d'entre nous.

Au-delà de l'apparence que vous avez de nous, nous sommes capables de manifester une certaine sensibilité. Non pas une sensibilité émotionnelle comme vous, mais une sensibilité vibratoire. Par exemple, lorsque certains d'entre vous entrent dans la forêt avec de mauvaises pensées, ou de l'agressivité en eux-mêmes, nous en ressentons comme une agression dans notre rythme et notre équilibre. Alors, lorsque nous pensons que certains ont la possibilité d'acquérir en eux-mêmes un peu des énergies de Paix et d'Amour de la Nature, nous formons, nous les arbres, une chaîne de Paix et d'Amour autour d'eux. Hélas, très peu d'humains sont sensibles à ces énergies de la Nature, et peuvent les recevoir.

Si l'homme voulait bien prendre conscience de notre existence, nous pourrions lui apprendre à vivre plus harmonieusement avec son milieu Naturel.

L'homme n'est pas fait pour vivre seul, coupé de la Nature. C'est comme s'il lui manquait une main, il est mutilé, et nous regardons impuissants, ces êtres mutilés, sans pouvoir prendre contact avec eux pour les aider. Alors, eux-mêmes, inconscients de notre existence nous créent des problèmes. Leur mal de vivre nous atteint au plus profond de nous, jusque dans nos racines.

Nous sommes le poumon de la Terre par laquelle ils peuvent respirer la vie, mais si l'homme est malade, il nous rend malades à notre tour et la gangrène s'installe partout sur la Planète.

Nous dépérissons par manque d'Amour de la part d'une partie de nous-mêmes.

Prends conscience, homme de la Terre, du rôle qui t'a été dévolu un jour et duquel tu t'es détourné pour ne t'occuper que de toi. Prends conscience que tu n'es pas seul et que si nous n'existons plus, ta vie ne pourra plus exister ici. Nous attendons depuis si longtemps que tu veuilles enfin t'éveiller.

As-tu une question à poser ? ».

La question m'a surprise. Pouvais-je vraiment dialoguer avec un arbre ? Où sont les limites du possible ? Et si les limites n'existaient pas, car la réalité fait partie de l'infini ?

Je me suis ressaisie brusquement pour ne pas me décaler de la vibration commune que nous avions installée, et je me suis risquée, un peu timidement au début, car la situation était peu banale :

– « Je désire m'adresser à toi également au nom de mes semblables qui seraient heureux d'être là aujourd'hui. Est-ce que tu peux nous expliquer quel est ton rôle dans la Nature en tant qu'essence de hêtre ? ».

– « J'apporte la sérénité, le calme. Chacun de nous a une particularité bien spéciale, et il est responsable de cette particularité. Mais, nous tous, les arbres, nous vous montrons ce que vous devez être, comment vous devez vous comporter dans la vie. Je m'explique : Nos racines sont bien implantées dans la terre. Nous puisons au plus profond de celle-ci la nourriture indispensable à notre vie, à notre équilibre. Nos cimes sont dressées vers le ciel pour mieux capter la Lumière et la faire pénétrer jusqu'à nos racines. Il doit en être de même pour vous. Certes, vous avez la possibilité de vous déplacer sur le sol, mais vous recevez les mêmes énergies par vos chakras. Si vous agissez ainsi dans votre conscience, vous ne vous sentirez plus déstabilisés par les événements de votre vie. Lorsque le vent souffle, lorsque la tempête fait rage, vous resterez stables et équilibrés. Vous vous élevez de plus en plus vers le ciel, mais vous oubliez de renforcer votre enracinement ».

– « Il me semble que tu as une énergie sécurisante également et qui se prolonge loin autour de toi. De fait il semble que les êtres inquiets ou qui ont besoin de cette sécurité sont attirés vers ton énergie ; est-ce exact ? ».

– « Oui, cette sécurité, c'est ma confiance en l'énergie qui m'anime qui me l'a donnée, et il est vrai que des êtres viennent auprès de moi pour prendre un peu de cette énergie. Mais, sécurité et sérénité sont la même expression avec des mots différents ».

– « Est-ce que tu as une fonction de guide dans le lieu où tu te trouves, et comment agis-tu sur la Nature ? ».

– « Mon rôle est de surveiller ce coin dans lequel je suis implanté. Ce rôle de guide m'a été donné pour permettre à mes énergies de se diffuser tout autour et d'apporter la sécurité, la sérénité, le calme et la confiance à certaines essences qui ont besoin de plus de précautions, de préparation pour s'épanouir ».

– « Est-ce que, en tant que guide, tu as une énergie un peu plus différenciée que les autres de ton espèce, est-ce que tu es plus individualisé ? ».

– « Oui, en tant que guide, j'ai plus d'énergie, car j'ai plus d'expérience, et cela me permet de prendre des décisions pour harmoniser la Nature dans certains endroits qui en ont plus besoin. Je reçois beaucoup plus d'énergie en moi-même que d'autres qui apprennent à le faire petit à petit.

Chacun de nous est un exemple et même dans la Nature cela se répercute.

Un arbre, quel qu'il soit, de quelque essence particulière qu'il soit, s'il devient un exemple pour d'autres arbres alentour, devient aussi leur guide ».

– « Tu veux dire qu'une conscience de ton essence va aider et guider d'autres essences d'arbres autour de toi ? ».

– « Oui, cela n'est pas incompatible. On a toujours un rôle autour de soi, par rapport à soi et par rapport aux autres qui sont autour de soi.

Mais, en même temps je suis relié à tous les hêtres qui sont sur la planète. Nous faisons par nos énergies comme des poteaux télégraphiques et nous sommes constamment reliés les uns aux autres. Nous pouvons nous passer les informations, et ainsi lorsqu'un lieu a besoin de plus d'énergie, nous focalisons nos énergies vers ce lieu.

– « Est-ce que tu es aidé dans ta fonction par d'autres énergies de la Nature ? ».

– « Oui, il y a tout un système. Nous ne sommes pas seuls, nous travaillons avec des énergies différentes, mais je pense que c'est trop complexe pour que nous l'abordions aujourd'hui ».

– « Je pense avoir vu qu'il y avait en toi une mémoire-énergie. Peux-tu me le confirmer ? ».

– « Je le confirme. En moi-même, j'ai en effet toutes les archives de tous les arbres, de tout ce qui s'est passé depuis que je suis au monde, et il est vrai que si un être arrivait à se mettre en connexion avec mon énergie, je pourrais lui apprendre beaucoup, beaucoup de choses sur ce qui s'est passé dans cette région depuis que j'y suis. Tout est inscrit en moi, je suis un peu comme des Annales Akashiques.

– « Es-tu le centre de cette forêt ? ».

– « Non. Je suis le centre de ce lieu, mais pas de la forêt tout entière. Je ne travaille pas seul, et si vous, humains, vous mettez à l'écoute, je vous guiderais vers les autres lieux pour prendre contact avec ceux qui travaillent avec moi. Mais il vous faudra de la patience et du temps.

Je pourrais moi-même avec mes amis vous apprendre beaucoup de choses. Il ne tient qu'à vous, hommes, que cela puisse se réaliser.

D'autre part, à partir du moment où nous avons pris contact, vous pouvez vous servir de mes énergies, mais servez-vous en déjà pour vous-mêmes et, les ayant en vous, vous pourrez les diffuser autour de vous pour ceux qui en auront besoin. Mais, faites-les d'abord vôtres.

Nous sommes heureux que l'homme enfin vienne vers nous, puisque nous ne pouvons aller vers lui. Nous sommes heureux de ce rapprochement qui se fait petit à petit, et si nous pouvions enfin travailler main dans la main, c'est une image, nous ferions de cette Terre un Paradis.

Nous vous aimons, mais nous voudrions vous aimer sans restriction.

Est-ce que cela sera possible dans les temps à venir ? ».

A partir de ce moment-là, la voix s'est tue brusquement. Je n'ai pas bougé. Je crois même avoir sommeillé un moment. J'ai peut-être rejoint la conscience du hêtre sur le plan où elle se trouve pour poursuivre la conversation, car je trouvais maintenant tout naturel de parler aux arbres !

C'est la fraîcheur du crépuscule qui m'a fait sortir de ma léthargie. J'ai couru en regagnant ma voiture, autant pour me réchauffer que pour dissiper le surplus d'énergie que je venais de recevoir.

Je me rends compte, en relatant ce vécu, que ma notion de l'infini recule au fur et à mesure que j'avance dans ma vie, infini des choses existantes, infini des possibilités. Je crois que nous nous sentons limités parce que notre conscience est limitée. Plus j'avance vers le cosmos ou Gaïa, plus je rencontre l'immensité et la diversité. Ce soir, j'ai l'impression que, quels que soient les événements que je pourrai vivre dans mon futur, plus rien ne pourra me surprendre. Parler avec un arbre ! Mais ce qui me conforte dans la véracité de tout cela, est que j'apprends des choses. Mon ami le hêtre m'a appris beaucoup de choses aujourd'hui. Et ce qui est surprenant, c'est que, après chaque contact, ma conscience continue à recevoir des informations. Je continue à apprendre dans les temps qui suivent chaque nouvelle expérience.

Rencontre avec des gnomes

… Je remarque que nombre des initiations que je vis depuis ces dernières années se font à l'occasion de déplacements que j'effectue. Effectivement, je dois me trouver en certains endroits bien précis pour être dans les conditions voulues ou rencontrer un être bien particulier. C'est pourquoi je me fie en totalité à mon intuition lorsque je dois me déplacer, presque toujours à l'occasion de congés.

Je vais confier à mon journal ce qui vient de m'arriver, lors de mes derniers congés. Et cette fois-ci, les implications se poursuivent, alors que je viens de rentrer à Paris. J'ose à peine écrire ma dernière aventure tellement elle est en dehors de nos conceptions habituelles de la vie. Mais, je sais que je dois le faire. Pour moi, il est important de concrétiser mes initiations par l'écriture. Cela me permet de mieux intégrer les vécus. De faire descendre au niveau de la matière des formes et des énergies qui appartiennent à des plans subtils.

Voici donc ce qui s'est passé, et si un jour quelqu'un lit ce journal, tant pis. J'ai dépassé la crainte du ridicule. Je sais ce que je vis et je m'engage en totalité dans ce que j'écris.

Cette fois-ci, j'ai pris dix jours de vacances dans le sud-est de la France, dans les Hautes-Alpes. Mon intuition m'a guidée vers la haute vallée de la Durance. Lorsque je me suis trouvée dans le village d'Embrun, je me suis sentie si bien dans ce lieu que j'ai décidé d'y séjourner. De là, je pouvais rayonner vers de nombreux endroits à visiter. J'ai trouvé une chambre à louer dans un gîte à la sortie du village. Ce gîte avait l'avantage de se trouver en pleine nature, en bordure d'une forêt, tout en surplombant la Durance. Pendant les jours qui ont suivi j'ai visité des sites magnifiques et je me suis régénérée dans une magnifique nature. Dans les derniers jours qui ont précédé mon retour à Paris, j'ai éprouvé le désir d'effectuer un travail de communication profonde avec Gaïa, en pleine nuit, pour profiter de nouvelles énergies, car je n'avais pas eu l'occasion auparavant de me retrouver en pleine forêt la nuit. Je trouvais cet endroit de nature propice au recueillement et j'ai décidé d'y consacrer une soirée.

Après une bonne demi-heure de marche sur un étroit chemin je suis arrivée vers 23 heures dans une clairière que j'avais déjà repérée dans la journée. Se retrouver seule, la nuit dans une forêt est une expérience impressionnante. Les formes ne sont pas les mêmes, car tout est un jeu d'ombres et de pâle lumière. Les sons sont plus percutants et profonds, plus détachés aussi. On sent très nettement une vie nocturne intense, mais que l'on ne peut identifier. Il m'a bien fallu une heure pour m'habituer à cette solitude dans le noir presque absolu, car des nuages ont bientôt caché la Lune. Je n'ai pas voulu allumer la torche qu'on m'avait prêtée pour mieux m'intégrer dans ce lieu, pour mieux entrer dans les énergies de la nature.

J'ai laissé vagabonder mes pensées au gré de leur fantaisie. J'en ai profité pour repenser à mes diverses expériences, tout en essayant d'en découvrir un fil conducteur. Je me sentais bien. L'atmosphère était chargée d'énergies fortes et diverses que l'on ne peut pas ressentir dans la journée. J'ai découvert que la nuit est totalement différente du jour. L'endroit paraissait plus vivant, la vibration plus profonde, Gaïa plus proche. Après une longue méditation, j'ai décidé de chanter des AUM de plus en plus puissants. C'est la vibration sonore la plus proche de la vibration de la nature que je connaisse. Elle peut, sous certaines conditions, comme ce soir-là, nous mettre directement en connexion avec les énergies du cœur de Gaïa. Bref, j'étais heureuse. Après cet exercice, je suis restée allongée un long moment sur le dos, les bras écartés, à regarder dans le ciel le jeu de cache-cache des nuages avec la lune et les étoiles, puis je me suis retournée, l'avant du corps enfoui dans l'herbe humide pour mieux me fondre avec le sol. Et le temps est passé sans que je le ressente.

Au bout d'un temps que je ne saurais donc définir, j'ai eu besoin de bouger, marcher, m'étirer, ce que j'ai fait. Mais bien vite, je me suis retrouvée debout et immobile, car brusquement je venais de voir apparaître devant moi un être. C'était la première fois de ma vie qu'une telle apparition se manifestait devant moi, et je suis restée incrédule à l'observer, me demandant en même temps si je n'étais pas l'objet d'une hallucination. Je le voyais bien en relief et en couleurs. La nuit était noire et pourtant il était bien visible, haut de moins d'un mètre, une tête un peu grosse par rapport à son corps plutôt frêle. Il était habillé d'une espèce de vêtement ample sur le haut et d'une sorte de pantalon ample aussi, les deux de couleurs vives, et il m'a semblé que ces habits étaient façonnés avec des éléments de la nature, feuilles, fleurs et autres. Son énergie paraissait plutôt yang, on ne peut parler de sexe à ce niveau.

Il me regardait en souriant, comme s'il s'amusait de ma stupéfaction. Tout à coup, il s'est mis à me parler, ou plutôt j'ai entendu sa voix à l'intérieur de moi-même, par transmission de pensée en quelque sorte.

J'étais plus impressionnée que lors de mes expériences précédentes, car cette fois-ci j'avais devant moi, visiblement un être de la nature bien vivant et non plus une image que l'on peut regarder dans certains livres traitant de ces êtres.

Il s'est mis à me parler en ces termes :

– « Bonsoir. Mon nom est Vérix. Je suis un être de la nature, je suis ce que vous appelez un gnome et je travaille dans cet endroit. Je pourrais dire que je suis né dans cet endroit, mais en quelques circonstances, j'ai eu l'occasion de voyager en d'autres lieux. Je sais que pour mon évolution, je dois maintenant travailler dans des endroits plus proches de l'homme. Ce soir, je t'ai bien observée et j'ai demandé la permission à Pan de te contacter, car il est présent. »

Je connaissais déjà le nom de cet être qui fait partie de la mythologie grecque, et qui représentait pour ce peuple, les forces fondamentales de la nature.

J'avais aussi lu les aventures de monsieur Roc, en Angleterre, et qui a raconté comment il avait rencontré un guide de la nature qui se nommait Pan. J'avais senti alors une vérité à travers son vécu, et je fus convaincue à partir de ce jour, que cet être mystérieux existait bien, sur un plan plus subtil que le nôtre. Et voici que cette nuit-là un gnome me reparlait de lui. Pourrais-je le voir ? J'ai regardé autour de moi et n'ai vu que la nuit. Le petit être s'est alors mis à rire, d'un merveilleux rire cristallin et m'a dit :

– « Tu ne peux pas le voir, il est plus décalé que moi-même. Il est bien là et il paraît très intéressé par notre conversation. Mais, je voudrais te demander une faveur. Voilà, je voudrais que tu m'emmènes avec toi, là où tu habites ».

Il s'est tu et m'a regardé intensément dans les yeux, attendant visiblement une réponse. J'étais abasourdie, je n'arrivais plus à maîtriser la situation. Mon mental s'est mis à surchauffer. Je me suis entendue dire :

– « Tu ne te rends pas compte de ce que tu me demandes. Accepter cela est une responsabilité, comme un parrainage en quelque sorte. Je suis très active, je ne suis pas souvent à mon domicile. De plus, j'habite dans une ville où il y a beaucoup de monde. Tu ne pourrais supporter un tel changement par rapport à ta forêt. D'autre part, nous ne pourrions communiquer comme ce soir dans ces lieux habités. La vibration des hommes ne te conviendrait pas ».

Je me suis arrêtée à bout d'arguments, en cherchant désespérément d'autres. L'être a repris :

– « Alors, tu ne veux pas ? Je t'ai apporté tout de même un cadeau, mais je t'en prie, accepte-le, lui ».

Et il ma tendu, avec ses deux mains levées vers moi, une pierre brute luminescente dans un ton de rouge rubis. L'énergie de cette pierre était tellement puissante que j'en ai ressenti les effets sur mon propre corps, physiquement, sous la forme d'une vibration chaude qui me piquait la peau. Je ne pouvais détacher le regard de cette pierre, elle me fascinait. Puis, tout à coup, mon mental s'est trouvé dépassé, j'ai craqué. Une intense émotion m'a envahie. Ce gnome était si beau, si pur, innocent et grave dans son allure. J'ai compris qu'il m'était donné de vivre un événement peut-être majeur. En quelques instants, il s'était passé quelque chose en moi-même. Je me suis sentie envahie d'un tel Amour Universel que la clairière paraissait être illuminée.

Je me suis penchée vers lui, j'ai pris la pierre dans mes mains. Bien sûr, elle n'était pas matérielle, mais énergétique et dense, et mes mains en ressentaient les contours. Je lui ai dit :

– « Je te remercie du fond du cœur pour ton cadeau. Je sais qu'il est important pour moi. J'accepte de t'emmener avec moi, mais je ne te garantis pas le résultat. Nous serons aidés, je suppose, car c'est la première fois que j'adopte un être de la nature qui se situe sur un autre plan que le mien ! ».

Il est resté grave, alors que je m'attendais à une démonstration de joie ou de remerciements. J'ai compris qu'il avait quelque chose à me dire, mais qu'il hésitait. Je lui ai dit :

– « As-tu autre chose à me demander ? ».

– « Oui, mais je ne voudrais pas que tu penses mal. Voilà, je vis avec une amie qui travaille avec moi.

Son nom est Morieux, et cela nous ferait de la peine de nous séparer. Elle apprendrait aussi beaucoup à travailler auprès des hommes, mais elle n'a jamais encore quitté ce coin de forêt. Elle a besoin de moi, et j'ai besoin d'elle ».

Elle s'est alors avancée et je l'ai vue. Elle se tenait d'un air timide à côté de son compagnon. Ils se ressemblaient beaucoup. Elle était habillée de la même façon, mais son allure avait quelque chose de yin.

J'étais tellement dépassée par les événements que plus rien ne semblait m'étonner. Je sentais un tel amour rapprocher ces deux êtres que j'aurais été un monstre de les séparer. Je ne cernais pas tout de ce qui se passait en cet instant, mais j'ai senti confusément que je devais agir dans le plus grand des lâcher-prise. Je me suis dit : Tu ne vas pas dire non, tu ne peux pas dire non.

J'ai répondu simplement, comme écrasée par une fatalité, mais au fond de moi heureuse de vivre ce nouvel inconnu, j'ai répondu, comme quelqu'un qui baisse les bras, dépassé par les événements :

– « D'accord, dites-moi ce que je dois faire ».

Alors, j'ai eu droit à une explosion de joie. Je les trouvais magnifiques, simples et dignes. Vérix m'a répondu :

– « Au moment de ton départ, tu te connecteras sur nos énergies que tu connais maintenant. Il n'est pas utile que tu reviennes dans cet endroit. Nous percevrons ta vibration et nous suivrons la trace astrale de ton déplacement jusqu'à notre nouvel endroit de vie ».

Voilà ! C'était aussi simple que cela. Je pars méditer une nuit en forêt et j'en reviens chargée de famille avec un million de problèmes à comprendre et à régler, mais j'étais trop abasourdie pour réfléchir à quoi de ce soit à ce moment-là.

Sur le chemin du retour, un orage a éclaté et m'a trempée en un instant. Je n'y ai même pas fait attention, tellement j'étais plongée dans mes pensées, mais, une fois de plus, pas un seul instant je n'ai douté de la véracité des événements qui venaient de se produire. Bien au contraire, dès l'instant où ma décision a été prise de ramener avec moi ces deux gnomes, j'ai pris les choses très au sérieux. Arrivée au châlet, et bien douchée pour me réchauffer, je me suis endormie instantanément et profondément.

Le lendemain était le jour du retour, et j'ai procédé comme convenu. Au moment où je me suis retrouvée dans ma voiture, je me suis concentrée sur ces deux êtres, je les ai visualisés, les yeux fermés, durant quelques instants, puis je suis partie en espérant que j'avais procédé correctement.

J'ai atteint Paris tard dans la soirée. J'avais eu le temps, durant mon long voyage du retour, de penser aux différents aspects de ma nouvelle situation. Je devais tout d'abord m'occuper de mes deux filleuls. Il était évident que je ne pouvais les laisser approcher l'intérieur de la ville, ils ne pourraient supporter brutalement le changement de vibration avec leur forêt d'origine. Il fallait donc que je leur trouve un endroit de végétation, calme et peu fréquenté pour qu'ils puissent s'établir, mais je désirais qu'ils ne soient pas éloignés de mon domicile pour que je puisse, de temps en temps aller les rencontrer. Et oui, j'en étais là ! Mais je crois que nul ne pourrait comprendre tout cela sans l'avoir vécu lui-même. Non, je ne suis pas atteinte de delirium, ou de schizophrénie. Je vis en ce moment une réalité en contact avec d'autres dimensions, une autre réalité, toute aussi tangible que la nôtre habituelle, mais peu de gens sont en contact avec ces autres dimensions. Je suis réconfortée de savoir que je ne suis pas la seule. Mes lectures m'ont appris bien des choses sur ce qu'ont vécu aussi d'autres personnes.

Bref, mon choix s'est porté sur le bois de Boulogne. Il existe des endroits isolés où pourraient s'établir mes amis les êtres de la nature.

Il était fort tard, lorsque j'ai trouvé un lieu qui me paraissait un bon compromis. L'endroit était désert. Je suis descendue de la voiture et je suis restée un moment à me concentrer sur leurs énergies, me demandant si, par une erreur ou une difficulté, ils n'étaient pas restés dans les Hautes-Alpes. C'est que je commençais à y tenir à ces créatures ! Au bout d'un long moment, j'ai enfin perçu leur présence. J'ai poussé un grand soupir de soulagement. Je leur ai alors adressé la parole :

– « Nous voici arrivés. Je vais vous présenter un endroit qui, j'espère vous conviendra. Vous choisirez vous-mêmes le lieu exact ».

Il y avait bien encore 500 mètres à parcourir à pied jusqu'à l'endroit choisi, car il leur fallait un minimum de mouvement, et de bruit.

Chemin faisant, je me suis surprise à tendre les deux bras, comme si je les tenais par la main, tout en leur parlant. Je me suis dit que si quelqu'un, même mes amis, me voyaient en ce moment, non seulement ma réputation, mais mon intégrité mentale et peut-être même ma liberté seraient compromises ! Mais n'était-ce pas cet état d'esprit d'enfant que nous devions retrouver pour trouver les portes du paradis ?

A un certain moment ils se sont écriés tous les deux en même temps :

– « Voilà, ici c'est bien. Nous allons nous y installer ».

J'avoue que je ne me suis pas attardée. Je suis rentrée précipitamment chez moi, et je me suis écroulée sur mon lit, écrasée de fatigue et d'émotions. Je suis arrivée hier.

Aujourd'hui, heureusement je n'avais pas de rendez-vous. J'ai fait la grasse matinée, puis je me suis mis à la rédaction de mon journal.

Initiations par les gnomes

… Ce soir je vais revenir sur quelques événements qui se sont passés sur une période de plusieurs mois. Il s'agit de mes aventures avec mes deux amis Vérix et Morieux. En effet, notre fameux voyage ne s'est pas arrêté là.

Deux jours après leur installation dans leur nouveau domaine, j'ai voulu les revoir, car j'étais impatiente de savoir comment les choses se passaient pour eux.

J'y suis allée vers les 22 heures, d'abord pour ne pas être dérangée par des promeneurs, mais aussi parce qu'à ce moment-là, les vibrations des hommes se sont apaisées. J'ai retrouvé facilement l'endroit où je les avais laissés, mais j'ai dû me recentrer vers les énergies de la nature, calmer mes énergies de femme stressée et pressée avant de les visualiser et pouvoir communiquer avec eux.

Et, c'est avec une réelle émotion que je les ai aperçus. Je ne les voyais pas aussi nettement que des formes matérielles, mais comme à travers une légère brume, parce que je les voyais à travers la perception de ce que l'on appelle mon troisième œil.

Ils avaient choisi un endroit situé dans un renfoncement de buissons et ils avaient installé leur demeure sous terre. Naturellement, j'ai voulu visiter leur nouvelle demeure, mais cela n'a pas été possible ce premier soir, car je n'arrivais pas à me décaler suffisamment vers leur vibration. Par contre, nous avons pu communiquer à l'extérieur, à l'air libre. Ils m'ont expliqué qu'ils avaient ressenti ma vibration personnelle, lorsque je me suis approchée de l'endroit, et ils m'attendaient. Ils m'ont dit aussi qu'ils devaient faire des efforts pour aller vers ma vibration pour que j'aie moins de difficultés d'adaptation. Quand je dis « ils » au pluriel, c'est parce qu'ils étaient ensemble, mais c'était Vérix qui parlait. Morieux paraissait timide et se contentait d'acquiescer.

Je ne vais pas relater tous les instants que j'ai passés avec eux, mais j'ai beaucoup appris durant cette période. Ils m'ont expliqué que leur rôle consistait à aider les arbres à recevoir un maximum d'eau par les racines. Leur travail était surtout souterrain. Ils canalisaient les énergies pour que la matière suive, mais leur tâche était difficile, car la pollution désorganisait les réseaux énergétiques souterrains.

Ils ont eu tout de même des difficultés à s'adapter aux vibrations des hommes avoisinants. J'ai appris qu'ils pouvaient avoir des pertes d'énergie, ressentir des fatigues, non pas tant par leur travail, mais surtout par l'ambiance vibratoire du lieu habité par des hommes non harmonisés avec la nature.

Avec le temps, j'ai appris à mieux me décaler vers eux. Enfin, un soir, j'ai pu me décaler suffisamment sur leur fréquence pour visiter leur home. C'était une grotte, mais installée de façon très physique et dans les mêmes normes que l'humain, c'est-à-dire que j'y remarquais une échelle pour descendre dans la grotte, un lit à deux places, et même un fauteuil, le tout fabriqué avec des éléments de la nature, tels que branches, brindilles, feuilles, etc. J'ai ressenti même une ambiance chaude et confortable.

Un soir, ils furent heureux de me présenter un nouvel ami qu'ils venaient de rencontrer. C'était un elfe. Je l'ai su, parce qu'ils me l'ont dit, mais je n'ai pu le voir sur le moment comme je pouvais les voir eux. Je sentais plutôt une vibration, puis en me concentrant, j'ai aperçu faiblement un contour. Au moment où je me demandais pourquoi je ne le voyais pas aussi nettement que mes amis, ils m'ont rappelé que l'elfe avait une vibration plus subtile qu'eux-mêmes, donc plus difficile à percevoir, même avec mon troisième œil. J'ai remarqué une nette différence dans l'apparence entre cet elfe et mes amis gnomes. L'elfe était plus menu, plus fin, plus aérien, ce qui est normal puisque, me dirent-ils, son rôle, comme ceux de son espèce, était de travailler avec l'élément air. Pour lui, sa spécialité était la pollinisation. Vérix m'expliqua que souvent nous nous rencontrions dans l'astral pendant mon sommeil, mais je ne m'en souvenais jamais à mon réveil.

Un soir de fin septembre, alors que je revenais d'un déplacement, je suis allée dans leur endroit pour les rencontrer. Je les ai trouvés bien excités, et avant que je n'aie eu le temps de leur adresser la parole, ils m'ont tenu ce langage :

– « Enfin, tu es de retour. Nous ne voulions pas partir sans te dire au revoir. En effet, à la fin de chaque automne, lorsque la nature entre en hibernation, notre présence n'est plus indispensable ici. Alors, nous partons vers des plans plus décalés de la Terre pour la saison de l'hiver. Là, nous nous reposons, nous retrouvons des amis, nous échangeons nos expériences, et nous sommes instruits par des grands Dévas de la nature. Cette année, nous sommes très fiers d'avoir à raconter notre aventure avec un humain. Nous serons un centre d'intérêt. D'autre part, nous pourrons apprendre tout ce qui s'est passé depuis notre départ de la forêt. Mais, nous n'avons pas le temps de nous attarder, les autres sont déjà partis ; nous t'attendions pour te souhaiter un bon hiver et te prévenir pour que tu ne sois pas inquiète de notre absence. Nous ne voulions pas le faire dans l'astral, puisque tu ne te souviens de rien à ton réveil. Au revoir et au printemps prochain ».

Et ils ont disparu sur-le-champ !

J'ai vécu encore bien des aventures avec mes deux amis. J'ai vécu, et je vis encore l'extraordinaire au quotidien. Les contes de fées sont des histoires initiatiques racontées par des êtres qui déguisent les messages, afin qu'ils puissent traverser les espaces et le temps sans encombre. Ils ne sont pas destinés aux enfants, car il faut une conscience adulte et avertie pour décrypter les vérités noyées dans des symboles ésotériques.

Les lutins

… Aujourd'hui je vais retranscrire un autre contact que j'ai eu aussi avec des petits êtres de la nature.

Les circonstances de mes déplacements m'avaient amenée à Gap dans les Alpes-de-Haute-Provence. Je venais de terminer l'animation d'un stage sur les pratiques des énergies douces dans les soins, et j'avais décidé de m'accorder deux jours de repos sur place.

Le hasard de mes promenades m'a amenée sur une hauteur de la ville. Je me suis promenée sur une colline sous un beau et pur soleil. L'air était juste frais afin d'être stimulant sans être désagréable, et le coin était presque désert en ce jour de semaine. J'ai suivi un étroit sentier sans penser à rien. Je me promenais pour le plaisir de communiquer, par ma présence et ma conscience, avec cet endroit nouveau pour moi.

A un certain endroit la vue a été dégagée. J'ai alors aperçu à une centaine de mètres un groupe d'arbres assez impressionnants par leur hauteur, et qui formait un bouquet dominant les environs. Je me suis sentie immédiatement attirée par ces arbres qui, déjà de loin, dégageaient une forte énergie. La sensation augmentait au fur et à mesure que je m'en approchais. Je me suis mise à marcher plus lentement, en faisant l'effort d'entrer en étroite communion avec la nature, afin d'être le plus possible en harmonie avec ces arbres. C'est ainsi que je me suis retrouvée sous une dizaine d'immenses sapins qui avaient poussé presque en rond. Leurs troncs étaient parfaitement droits, et en levant la tête, j'avais l'impression de me trouver dans une cathédrale naturelle regardant son clocher par le dessous. J'ai eu une autre sensation, celle de regarder le ciel du fond de la terre. En effet, les cimes formaient très haut un rond à l'intérieur duquel descendait la luminosité de l'atmosphère. Au niveau du sol, il faisait sombre et je me serais presque cru au fond d'un puits. Je me suis sentie dans la Terre et dans le ciel, tout en naviguant en même temps entre les deux. La vibration était si forte que j'en ai presque eu un vertige, et j'ai dû m'asseoir, le dos posé contre le tronc d'un de ces imposants sapins. L'énergie du lieu était particulièrement forte. Le calme environnant était relevé par le doux murmure d'un petit ruisseau qui serpentait non loin de là. Je me suis presque endormie, enveloppée dans une bonne torpeur, et ma conscience s'est mise à voyager en Gaïa.

J'ai compris qu'il fallait prendre encore plus de recul par rapport aux détails, tracasseries et petites vicissitudes de la vie courante, même au point de me démarquer par rapport à mes semblables si cela devait être. Il est normal, lorsque l'on vit de telles initiations, d'avoir des difficultés à se faire comprendre souvent. Comment faire comprendre à ceux qui sont à l'intérieur d'une bulle mentale rigide ce qui est à l'extérieur de cette bulle ? L'équation est difficile à résoudre.

Je n'arrivais pas à sortir de ma torpeur. Peut-être était-ce de la fatigue, ou un petit abattement devant l'impuissance apparente dans laquelle se trouvent ceux qui veulent agir au développement d'un équilibre planétaire.

Je n'ai pas eu le temps de me perturber le mental plus avant, car j'ai vu tout à coup avec stupéfaction arriver vers ma droite des petits êtres d'environ 50 à 70 cms qui gambadaient en file indienne. Ils étaient environ une dizaine et ils sont passés devant moi sans me remarquer apparemment. Ils étaient habillés de feuilles, fleurs, et autres végétaux, mais si bien ajustés et si joliment placés que l'on aurait pu croire qu'ils étaient vêtus d'habits de tissus. Ils dansaient dans le sous-bois en s'agitant fortement de tout leur corps et il m'a semblé entendre leur mélodie. C'était une succession de notes de musiques qui sortaient de leurs bouches, dans un ensemble harmonieux.

J'étais plus captivée que pétrifiée. Je me retrouvais une fois de plus en plein conte de fées.

Au bout de quelques minutes de ce manège, un des lutins est venu vers moi pendant que les autres poursuivaient leur farandole. Il s'est arrêté à peu de distance. Je m'étais redressée tout en restant assise le dos appuyé contre le tronc de l'arbre. Il m'a regardée droit dans les yeux et s'est mis à parler. J'ai entendu, par transmission de pensée, ceci :

– « Vous humains, pourquoi êtes-vous si tristes ? Vous ne vous rendez pas compte que cela vous rend laids. Pourquoi êtes-vous si violents ? Cela vous rend grossiers et vos vibrations lourdes et agressives font fuir autour de vous tous les éléments de la nature.

Nous sommes des énergies de la nature. Nous œuvrons pour elle, c'est notre raison d'exister, mais nous sommes joyeux de vivre et de participer à l'expansion de la vie. Nous sommes joyeux, car nous sommes heureux. Gaïa pourvoit à tous nos besoins et chaque jour est une nouvelle aventure. Nous nous développons dans notre travail, nous apprenons beaucoup, nous entrons en contact avec d'autres êtres de la nature différents de nous et nous aimons à échanger, et tout cela est formidable.

Pourquoi humains ne faites-vous pas comme tout le monde ?

Nous fuyons lorsque vous approchez, car vous nous faites peur. Vous ne savez pas être reconnaissants de ce que Gaïa vous donne, vous ne savez même pas prendre ce qu'elle vous propose, et quand vous prenez, vous ne pensez même pas à la remercier. Vous ne savez pas aimer et vous, êtres humains, êtes les seuls dans la création à agir de la sorte. Vous saccagez, vous n'avez pas le respect de vos parents cosmiques. Alors nous redoublons de travail pour essayer de rattraper vos désastres, mais nous le faisons dans la joie, car nous construisons la vie. »

Puis il s'est retourné et, comme s'il ne m'avait jamais vue, il a rejoint ses amis. Ils ont joué un moment autour des arbres comme des enfants heureux et insouciants, sachant que leur mère veille sur eux et pourvoit à leurs besoins. Dans un mouvement gracieux, ils se sont retrouvés en file indienne et sont repartis d'où ils étaient venus tout en continuant à chanter.

L'endroit m'a paru vide tout à coup. J'ai remarqué que des larmes coulaient sur mes joues. J'ai pleuré d'émotion. Un seul petit être de la nature avait su résumer notre état d'être et j'étais secouée par l'émotion. Un seul petit être de la nature pouvait contenir tant de sagesse. Il avait été capable en quelques mots de nous remettre à notre place, nous humains, si orgueilleux, si imbus de notre intelligence. Intelligence, oui, mais trop souvent celle du cerveau, pas assez celle du cœur.

Mon ego venait de subir un choc. J'ai remercié profondément cet être de m'avoir rappelé ce qu'étaient la simplicité et l'humilité, et j'ai continué à pleurer. Puis, je suis restée encore un moment prostrée, à intégrer le message. J'ai décidé alors de recopier ce message pour le distribuer à mes amis, patients et stagiaires afin qu'ils puissent méditer sur ce sujet.

La conférence

… Durant ces derniers mois, je n'ai pas ouvert mon journal. Il faut dire que j'ai été très prise par les changements que j'ai opérés dans ma vie professionnelle. En effet, j'ai terminé ma formation d'intervenante en soins holistiques et, après une période de rodage en double activité, j'ai pu donner ma démission de mon poste de secrétaire pour installer un cabinet de consultations dans une chambre de mon appartement que j'ai aménagée à cet effet.

J'ai dû dépenser beaucoup d'énergies et de temps pour me faire connaître et me créer une clientèle. Maintenant, les choses sont en place.

J'ai aussi beaucoup travaillé pour concrétiser mon idée de créer une petite association de recherche spirituelle, car j'ai toujours désiré regrouper les gens qui aspirent à comprendre les choses de la vie à un niveau supérieur de monsieur tout le monde. J'ai d'ailleurs profité de mes moments de répit pour préparer des présentations possibles de ce que j'avais appris pour mes amis de l'association et les autres. Je m'étais rendue compte que je ne pouvais pas garder pour moi ces enseignements, mais la difficulté était de pouvoir les diffuser alentour sans provoquer de réactions intempestives ou des blocages.

Mes amis de l'association me demandent souvent des consultations, et des gens venus en consultation sont souvent intéressés par mon association. Et tout s'imbrique correctement, dans la joie et la bonne humeur.

Si j'ouvre à nouveau mon journal, c'est que j'ai des choses à lui confier. J'y écris d'ailleurs à chaque fois que quelque chose d'important se déroule dans ma vie. Je n'ai pas envie de relater tous les petits détails de l'existence, comme le font certaines jeunes filles ou femmes. J'ai tout de même démarré ce journal dans une circonstance exceptionnelle, et je tiens à y écrire tout ce qui reste dans cette optique.

Cette fois-ci, j'ai l'impression que quelque chose d'important se met en place.

Hier, je suis allée écouter un conférencier qui proposait de parler du thème de l'espace et des communications qu'il aurait eues avec des êtres spirituels.

J'ai tout de suite été attirée par cette conférence.

Avant d'y aller, je me suis prise à réfléchir sur le sens de mon développement spirituel depuis mon adolescence. Quels ont été les faits marquants ?

Je puis dire que mon véritable départ dans l'ouverture de ma conscience a été l'instant où j'ai fait le fameux voyage au sein de la galaxie. Ce moment reste inoubliable. Il a bien marqué le point de départ de ma vie initiatique.

Puis, j'ai fait l'expérience d'autres plans planétaires, et j'ai compris que notre plan matériel n'était qu'une partie d'un vaste ensemble planétaire et cosmique. J'ai rencontré des guides cosmiques, j'ai été instruite sur des faits historiques (notamment la civilisation druidique), qui ont permis, depuis la disparition de l'Atlantide, à l'ésotérisme de poursuivre son œuvre dans le développement de la conscience humaine terrienne. Puis, j'ai plongé dans le monde de la nature. Et maintenant, je sens que je suis à un nouveau tournant de mon existence, surtout depuis cette conférence.

Pendant que le conférencier s'exprimait, c'était comme si j'écoutais une belle mélodie. Au-delà de ses paroles, c'est de la musique que je percevais à l'intérieur de moi-même. Pourtant, il a abordé, je dirai avec courage, des thèmes scabreux pour un auditoire public. Il a parlé de la présence, dans le cosmos, d'êtres humains évolués spirituellement, et qui aident les hommes de différentes planètes à évoluer vers le bien. Il a parlé des contacts qui existent entre ces êtres et certains humains incarnés, et d'un travail commun d'évolution de l'espèce humaine. Il a donné de nombreux détails sur ces contacts. Il s'est même présenté comme un contacté par ces êtres qu'il appelle des Instructeurs Cosmiques.

Sa conférence a dû paraître une vaste plaisanterie auprès de certains. Il a dû paraître un doux dingue, un mystificateur, ou un gourou en mal d'adeptes.

Mais, pour ma part, non seulement j'ai cru intuitivement ce qu'il a dit, mais je suis moi-même aussi en contact psychiquement avec différentes consciences, et je ne peux remettre en question ce que j'ai vécu.

Au moment où j'écris ces notes, je me rends compte que son parcours est complémentaire du mien. Je navigue au sein de Gaïa, en contact avec des entités de Gaïa, et il navigue dans l'espace avec des êtres cosmiques.

Il faudrait que je puisse lui proposer de venir s'exprimer dans notre association.

Rencontre avec Henri

… Ce soir, il est déjà tard au moment où je me mets à écrire, mais je n'ai pas sommeil et je ne peux attendre demain pour me confier à mon journal.

J'ai l'impression qu'il s'est passé quelque chose d'important aujourd'hui, mais je ne peux encore en définir le sens.

Dans les jours qui ont suivi la conférence à laquelle je viens d'assister et que j'ai relatée précédemment, j'ai pu obtenir le numéro de téléphone du conférencier. Je lui ai donc proposé de venir pour mieux se présenter et répondre à des questions que nous nous posions après l'avoir entendu. En effet, plusieurs membres de mon association ont eux aussi assisté à cette conférence et sont restés sur leur faim. Il a accepté et la réunion a eu lieu dans mon appartement cet après-midi. J'ai envie, sans attendre, de me raconter par écrit ce qui s'est passé.

Il est arrivé alors que mes amis étaient tous là. Il faut dire qu'ils étaient impatients d'entendre un conférencier dans l'intimité de notre petite association. Cela ne nous arrivait pas souvent d'inviter ainsi des gens venant de l'extérieur.

Lorsque j'ai ouvert la porte, il s'est sobrement présenté ainsi :

– « Bonsoir madame, je suis Henri ».

Je lui ai souhaité la bienvenue avec une phrase que j'avais répétée auparavant :

– « Bonsoir Henri, je suis heureuse de vous rencontrer. Mon nom est Christelle. J'ai assisté à votre conférence, et je l'ai beaucoup appréciée. J'ai été impressionnée par la richesse des informations que vous nous avez fournies. Des amis et moi-même avons fondé une petite association de recherche ésotérique, et j'aimerais beaucoup vous présenter à mes amis et, pourquoi pas, vous demander de développer ici un autre sujet ».

J'ai eu l'impression qu'il m'écoutait à peine, ou qu'il n'était pas là. Pourtant, il me regardait en souriant. Lorsque j'ai terminé ma phrase, il est resté là, dans le hall, sans bouger, le regard au-delà de moi. J'ai même dû lui demander :

– « Où étiez-vous donc ? J'attends une réponse de votre part, mais votre regard était si lointain ! ».

Il a alors balbutié en rougissant légèrement :

– « Je vous prie de m'excuser, pardonnez-moi, euh, vous voulez m'inviter à m'exprimer, oui, bien sûr. Où, quand, comment, pourquoi ? ».

Alors, je me suis mise à rire aux éclats. Il a ri aussi, la glace a été brisée.

Je l'ai trouvé craquant. Dès l'instant où il est apparu, j'ai senti quelque chose de bizarre en moi-même.

Tout d'abord je l'ai trouvé beau, avec son visage fin, presque efféminé, encadré de cheveux ondulés châtain clair. Deux grands yeux marron avec des reflets verts donnaient l'impression qu'il vous sondait jusqu'au plus profond de vous-mêmes. Mes amis m'ont dit aussi avoir été impressionné par l'intensité de son regard. Son regard donnait l'impression d'une grande maturité, mais son comportement et sa gestuelle me faisaient penser à un grand adolescent resté dans l'enfance, ayant des difficultés à s'intégrer dans le monde.

Je l'avais vu à sa conférence perché sur une estrade, mais j'étais loin dans la salle. A la fin de cette intervention plusieurs personnes l'ont entouré pour parler avec lui, et je ne me suis pas approchée. J'étais sous le charme de ce qu'il avait dit, et je n'avais pas accordé d'intérêt pour l'homme. Mais maintenant, alors qu'il était devant moi, j'avoue que cet homme m'a beaucoup impressionnée.

Il nous a donné des précisions sur certains sujets qu'il avait abordés au cours de la conférence. Dès qu'il se mettait à parler de l'espace, des êtres de Lumière, de leurs actions, il se transformait. Son regard s'illuminait, il paraissait plus grand, plus large et parlait avec passion. Comment pouvait-il connaître autant de choses. Ses Instructeurs devaient être de sacrés professeurs. J'aimerais bien qu'ils m'enseignent eux aussi.

Par contre, dès qu'il s'agissait de parler de lui-même, il redevenait mystérieux. J'ai pu seulement apprendre qu'il vit à Paris, seul dans un appartement, qu'il travaille dans une brasserie, mais qu'il étudie beaucoup en même temps.

Mais, le moment le plus intense de cette journée a été pour moi, lorsqu'il m'a proposé que nous nous revoyions, pour parler de choses spirituelles, m'a-t-il dit.

Je me sens attirée fortement vers lui, et j'ai cru me rendre compte que je ne lui étais pas indifférente.

Serions-nous à la veille d'une relation amoureuse ?

J'ai avoué, dans ces pages, que je n'avais pas encore rencontré le véritable amour. Est-ce lui qui va me l'apporter ?

Henri et moi

… J'ouvre à nouveau mon journal presque un an plus tard. En effet, j'ai vécu beaucoup de choses, d'une manière intense, et je n'ai pas éprouvé le besoin de me confier à ces pages. J'ai préféré vivre ma vie au jour le jour, sans trop me poser de questions, et sans prendre de recul. Mais, revenons en arrière, au moment où j'ai rencontré Henri lors d'une réunion chez moi.

Je suis d'une nature honnête, tout au moins j'essaye de l'être. J'ai senti que quelque chose d'important pouvait se passer avec Henri, et je ne voulais rien cacher à mon ami d'alors. Je lui ai expliqué ma rencontre, mon trouble. Il a compris, il a accepté, il m'a expliqué toute la tendresse qu'il éprouvait pour moi, il m'a dit qu'en amour il ne fallait jamais essayer de retenir quelqu'un par la force. Il savait que les chemins peuvent se croiser, être parallèles un temps, et puis se séparer au gré des événements de l'existence. Il m'a demandé d'être rassurée, il ne viendrait pas troubler mon avenir, car il savait que chacun doit garder son libre-arbitre. Je l'ai trouvé si beau, si noble dans sa réaction que j'ai eu honte de ne pas l'aimer davantage. J'ai eu le cœur gros et j'ai pleuré contre lui un long moment. Je vivais mon premier chagrin d'amour parce que je quittais un être de qualité, pour partir vers une aventure dont je ne pouvais prévoir l'issue. Ah ! Sacrée vie !

J'ai dû laisser passer deux bons mois avant de recontacter Henri, le temps de panser mes blessures et d'atténuer la peine que j'avais de m'être séparée d'un ami cher. Mais, j'avais bien senti que je ne pouvais mélanger les choses, qu'il me fallait fermer une porte avant d'en ouvrir une autre. C'est aussi une question de respect d'autrui.

Puis, j'ai repris le contact avec Henri, en me demandant s'il se souvenait de sa proposition, et s'il était disponible pour que nous nous rencontrions. Peut être avait-il rencontré une femme durant ce temps. Lorsque j'ai composé son numéro de téléphone, mon cœur battait à tout rompre et j'en étais incommodée.

J'ai été rassurée à la façon dont il m'a parlé. Il m'a dit qu'il se souvenait parfaitement de sa proposition, et qu'il attendait simplement que je le contacte.

A partir de ce moment-là, nous avons pris l'habitude de nous rencontrer très souvent, presque journellement au bout de quelque temps, suivant nos plannings respectifs. Il est arrivé quelquefois qu'il doive s'absenter plusieurs jours en divers endroits de la France, mais rarement il m'explique ce qu'il fait et pourquoi. Il m'a simplement parlé de voyages initiatiques. Je peux comprendre de quoi il retourne, ayant vécu moi-même ces aventures. Il a ses obligations, comme j'ai les miennes, et nous savons qu'il ne faut pas interférer certaines parties de nos vies. D'un commun accord, chacun continue à habiter chez soi, bien que nous nous retrouvions régulièrement chez l'un ou chez l'autre pour la nuit, un week-end ou des vacances. Il n'y a pas de raison majeure à cette organisation, mais simplement une intuition commune, et cela s'est fait naturellement sans que nous ayons eu à en débattre.

Il m'accompagne souvent pour assister à des concerts de musique classique ou à des opéras, car j'aime ce genre de musique, elle me détend, me transporte, et il l'apprécie aussi. Nous organisons aussi des promenades, des visites de châteaux, de musées, etc.

Au niveau de nos sentiments, notre relation a atteint rapidement une réelle profondeur et nous vivons une réelle union à tous les niveaux. J'éprouve pour lui un amour profond et sans restriction. Il est facile à vivre, il me donne beaucoup, je ne peux que vouloir lui apporter autant que ce qu'il me donne lui-même. Nous nous sentons en symbiose, il nous arrive régulièrement de communiquer par télépathie, même à distance, nous pensons aux mêmes choses en même temps, nous ressentons les mêmes choses sur les mêmes sujets.

Je lui ai raconté ce que j'ai vécu dans mes initiations. Il me croit et il me comprend. Au fait, je me rends compte que je n'ai plus vécu d'initiations depuis que j'ai rencontré Henri. Il doit y avoir une explication, je ne la connais pas, mais je ne me pose plus autant de questions qu'avant. Je vis intensément l'instant présent, mais tout en continuant à avoir des projets pour mon travail.

Henri m'apprend beaucoup sur le plan de la spiritualité, de l'évolution, des lois qui régissent la vie, etc. Je ne sais pas d'où il tient toute cette connaissance, mais dans tout ce qu'il me dit, je sens la vérité.

Il me fait penser à un extra-terrestre qui a été parachuté dans un monde curieux.

Il est fort et fragile en même temps. Il peut être très dur dans certaines circonstances, par exemple, lorsqu'un individu commet une faute à travers un défaut évident, mais il peut s'émouvoir pour un petit animal qui souffre. Lorsqu'il parle, il revient toujours à la notion d'évolution des consciences, il explique tous les comportements à travers la position des consciences sur le chemin de leur réalisation. Pour lui, une incarnation représente un mois dans une année. Il raisonne toujours en cycles d'incarnations.

Il exprime souvent ses difficultés à vivre dans cette société où trop de gens se comportent à travers des défauts. Mais, ce qui le dérange le plus c'est de constater la violence du monde, les réactions désordonnées des gens, l'immaturité des responsables. Et, il en souffre.

Je le comprends et je le suis dans tout ce qu'il dit. Cependant, je sens confusément qu'il y a un mystère en lui. Je n'arrive pas à le cerner, quelque chose de lui m'échappe. Il ne me parle jamais de son passé, de son enfance, de sa famille. Il sait tout de moi, mais lorsque je lui pose des questions sur ces sujets, il élude ou me dit carrément qu'il ne veut pas en parler. Par contre, je sens qu'il fusionne avec moi, tant sur le plan de la relation amoureuse que la relation physique. Je me rends compte que nous formons une entité unique constituée de deux corps semi-indépendants, comme deux bras d'une pieuvre. Je ne pensais pas pouvoir vivre cela.

Il me semble que, depuis notre rencontre, je vis en dehors du temps. Chaque jour succède au précédent, sans sensation de temps qui passe, mais simplement une continuité. Je sens, tout de même, que nous avançons ensemble sur un chemin dont je ne peux percevoir l'issue.

Ainsi, les mois ont passé, dans une merveilleuse harmonie, dans un apprentissage intense des choses de la vie, et baigné d'un amour profond partagé. Je vis dans le bonheur. Merci la vie.

La séparation

… Cette fois-ci j'ai la main lourde pour écrire. Mais, c'est surtout mon cœur, mon âme qui sont lourds. Je n'ai pu me confier à mon journal jusqu'à présent, je n'en avais pas envie. Ce soir, je veux faire le point sur les derniers événements par la thérapie de l'écriture.

Tout allait bien dans le meilleur des mondes entre Henri et moi lorsque, brusquement j'ai senti Henri troublé, ennuyé, et malgré mes questions pressentes, je ne pouvais obtenir de réponse. Il me disait aller bien, à part quelque fatigue sans plus. J'étais inquiète. Ses sentiments étaient-ils en train de changer ? Aurait-il rencontré une autre femme dont il serait tombé amoureux ?

Je lui ai demandé ce qu'il avait. Son trouble me gênait, je sentais une grande tristesse en lui, et j'en étais peinée. Je lui ai demandé si j'avais fait quelque chose qui lui aurait déplu. Il m'a affirmé que non. Je lui ai demandé si ses sentiments étaient en train de changer. Je l'ai supplié de ne rien me cacher, de tout me dire. Je lui ai dit que j'essayais de comprendre, et son silence me peinait. Et je sentais que plus j'insistais et plus il était mal. Pourtant, nous ne pouvions rester dans ces non-dits. S'il y avait un abcès, il valait mieux le percer de suite.

Enfin, il m'a parlé de ce qui le chagrinait. En prenant tendrement mes mains dans les siennes et en me regardant droit dans les yeux, il m'a dit ceci :

– « Je dois effectuer un nouveau voyage, loin d'ici. Mais, je dois quitter pour cela définitivement la France, et je ne peux t'emmener avec moi. Je ne sais pas ce qu'il faut faire, je ne peux me résoudre à te quitter, mais je sais que mon avenir m'attend là-bas. De plus, je ne supporte pas de te faire de la peine. Je ne sais plus où j'en suis et, pour la première fois les enseignements que j'ai reçus ne me sont d'aucun secours. Je dois choisir entre le devoir et l'Amour, or je sais que l'Amour est la vibration la plus importante de l'Univers. Je ne peux donc sortir de ce dilemme ».

J'ai senti alors une grande bouffée de chaleur monter dans tout mon corps, et je me suis sentie enveloppée dans une grande émotion, comme si je prenais conscience d'un événement inéluctable, mais douloureux. J'ai eu la sensation que mon sang venait de se transformer en plomb. Le choc était encore trop violent pour que j'en ressente quelque chose. Et, c'est sous l'apparence d'un être anesthésié que je me suis entendu lui dire :

« Mon amour, tu sais qu'il y a toujours une solution à toute chose. Tu m'as appris toi-même que tout ce qui est vécu a une raison d'être, logique, évolutive. Tout est relation de cause à effet, tu me l'as expliqué plusieurs fois. Alors, fais ce que tu ressens, et ne te pose pas de questions. Quant à nos sentiments, il nous appartient d'apprendre à gérer la situation en adultes. C'est l'Amour qui relie toute chose. Même à l'autre bout de la Terre ou du cosmos, rien ne changera l'Amour que nous pouvons nous porter. C'est cela qui importe. Seuls, nos corps matériels ne seront pas en contact, il est vrai que cela est important, mais nous devons avoir le courage de le supporter, car cette séparation, même si c'est une épreuve, est aussi une initiation, autant pour toi que pour moi.

Ayons confiance en la vie, en l'évolution, en l'univers. Puisque nous sommes guidés, laissons-nous guider, nous devons être sûrs d'être sur le bon chemin ».

Mes paroles ont été peut-être sages, mais je tremblais à l'intérieur de moi-même. C'est ma conscience supérieure qui s'est exprimée, mais la femme en moi était en révolte, écrasée comme par une fatalité. Je savais que ce que j'avais exprimé, spontanément et par automatisme, ne reflétait pas l'ensemble de mes sentiments. Moi aussi, j'étais écartelée entre la logique spirituelle et la douleur humaine. J'avais envie d'exprimer cette douleur, mais je me suis tout de suite rendue compte que cette réaction aurait déstabilisé complètement Henri. Lui aussi était sur le point de craquer et, pour lui, j'ai gardé une certaine dignité. Pour lui faciliter sa décision, j'ai fait des efforts énormes pour conformer mon attitude à ce que j'avais dit, sans faire paraître ce que je ressentais.

Il m'a prise dans ses bras. Je n'ai pu m'empêcher de pleurer tout de même, lentement, en silence. J'ai senti des grosses et chaudes larmes couler sur mes joues. Jamais, je n'ai été aussi triste de ma vie.

Dans les jours suivants, je me suis sentie abattue, sans force. Il a fallu que je fasse appel à mes réserves profondes d'énergie pour réagir. Je ne pouvais pas me laisser aller. Je ne pouvais pas lui montrer que j'étais faible, car je savais qu'il en serait encore plus troublé.

Je ressentais en moi-même son dilemme, plus mon accablement. J'ai dû réagir et vite pour éviter un effondrement de mon moral. Je pensais sincèrement ce que je lui avais dit l'autre soir, mais je me rendais compte que le dire et le vivre sereinement sont deux choses différentes. La raison peut s'exprimer, cela n'empêche pas les émotions de se manifester.

A partir de ce moment-là, et durant les quelques jours qui lui ont été nécessaires pour régler ses affaires, nous ne nous sommes plus quittés. J'ai annulé tous mes rendez-vous, car j'ai été avide de vivre le plus intensément possible ces derniers moments. Quelque part, nous sentions bien tous les deux que cette séparation pouvait être définitive. C'est la rupture physique et énergétique qui est difficile à imaginer. Sans que nous ayons eu besoin de l'exprimer, nous n'avons plus reparlé de la séparation. Je l'ai accompagnée partout, en essayant de donner le change par une fausse bonne humeur, lui aussi en a fait de même, mais nous n'étions pas dupes, ni l'un ni l'autre.

Le jour fatidique est arrivé aujourd'hui. Je l'ai accompagnée à l'aéroport. Durant le trajet en voiture nous nous sommes efforcés de parler de banalités, mais dès que nous nous sommes trouvés dans le hall d'embarquement, nous avons pris conscience de la réalité de l'événement. Je me suis rendue compte que ces derniers temps j'avais vécu mon quotidien d'une manière abstraite. Je savais que nous allions nous quitter par une fatalité que je ne comprenais pas, mais cela restait théorique. Mais là, tout à coup, les choses me sont apparues dans leur cruelle réalité.

Je l'ai suivie dans ses démarches d'embarquement comme un automate. Je ne pouvais plus parler, lui non plus ne parlait pas, comme si des paroles qui ne pouvaient qu'être banales auraient gâché ces derniers instants.

C'est en silence que nous sommes étreints devant la porte d'embarquement, et c'est sans prononcer aucune parole que nos corps se sont séparés. Mon bras s'est agité jusqu'à ce qu'il disparaisse de ma vue. Alors, j'ai pu me laisser aller à ma peine, j'ai pu pleurer tout mon saoul, pour libérer une pression interne devenue insupportable. Je n'ai pas cessé de pleurer durant le trajet de retour, et des larmes continuent à couler au moment où je confie ma peine à mon journal.

… Quelques jours ont passé. J'ai dû arrêter d'écrire, l'autre soir, car je me suis sentie mal. J'ai fait un accès de fièvre, et j'ai dû rester alitée durant trois jours. J'ai éprouvé le besoin de me laisser aller complètement. J'ai eu besoin de toucher un fond pour remonter ensuite vers la surface. Maintenant, cela va mieux, j'ai repris mes activités de soins et je me plonge dans le travail pour m'aider à réagir.

Je me rends compte que la perte physique de mon amour est plus douloureuse que le décès de mes parents. Pour eux aussi c'était un départ définitif. Je ne sens pas de différence entre le départ d'un être cher loin sur la planète, ou dans une autre dimension. Tout à coup, je prends conscience des phénomènes de la mort, et de la séparation. Tout est une question d'intensité de sentiments.

… Je me rends compte que j'atteins ces derniers temps un nouveau stade dans les suites du départ d'Henri. Après le choc qui a suivi son départ, j'ai relativement bien réagi. J'ai repris ma vie, seule sur un plan physique, mais pleine de ses énergies, de sa vibration. J'ai bien senti que nous étions en relation sur un plan subtil, et cela n'a pas changé jusqu'à ce jour. Mais peu à peu, j'ai commencé à sentir monter en moi une vague de fond que j'ai eu des difficultés à contrôler. En ce moment, je me sens abattue en profondeur, vide d'énergie, vide de réaction. Mes jambes sont en coton, ma tête est lourde et je travaille comme un automate.

Je suis allée consulter une amie médecin qui a diagnostiqué une dépression. Elle m'a expliqué qu'une dépression veut dire, manque de pression, et c'est bien ce que je ressens. C'est mon âme qui est en cause. Je me sens vide d'Henri, je sens cruellement son absence physique. Il y a une grande différence entre ma conscience qui comprend et admet les choses, et l'interprétation émotionnelle et humaine que j'en fais des événements récents. Et comme Henri, les connaissances spirituelles que j'ai acquises ne me sont d'aucun secours. Je crois que la séparation a été trop brutale. Nous étions fondus l'un dans l'autre, dans un amour fusionnel, et nous n'avons pas eu le temps de nous préparer à cette séparation. J'ai demandé plusieurs fois à divers guides de m'expliquer ce qui se passe, et pourquoi nous en arrivons là, mais je n'ai reçu aucune réponse. Pour la première fois depuis le début de ma formation spirituelle, j'ai la sensation d'être abandonnée, tout en sachant d'ailleurs que cela n'est pas. Il y a confusion en moi entre ce que je sais, ce que je sens, entre la raison et l'émotion. Et ce sont ces ambiguïtés qui me dépriment. Ainsi d'ailleurs que de ne pas comprendre ce qui se passe réellement.

Mon amie médecin m'a demandé, avec la plus grande fermeté de changer radicalement de vie pour quelques temps. Elle m'a proposé d'aller me ressourcer dans une petite maison de campagne qu'elle possède dans les environs de Paris, en bordure d'un petit village noyé dans la végétation. J'avoue que je n'ai pas discuté sa proposition, car je sens bien qu'elle a raison dans son diagnostic et dans la thérapie qu'elle me propose. Elle ne m'a pas prescrit de médicaments. Seulement des fortifiants psychiques et physiques à base de plantes. Le programme qu'elle m'a proposé est le suivant : Sommeil, repos, promenades dans la nature, nourriture saine, recul par rapport à ma vie et aux événements qu'elle contient, réflexions, prises de conscience.

Je me suis rendue compte que j'avais tellement besoin de ce ressourcement que j'ai pris mes dispositions immédiatement pour me libérer de mes obligations.

La jonction

… Cela fait maintenant une semaine que je suis installée dans la charmante chaumière de mon amie. C'est une petite maison rustique qui se situe au bout d'un chemin, en bordure d'un grand bosquet, et devant la demeure se trouve une large pelouse.

Je suis avec sérieux son traitement de remise en forme. J'ai du lâcher toutes mes tensions en arrivant ici. Je me sens un peu mieux, mais j'ai l'impression d'être anesthésiée psychiquement. Physiquement j'ai l'impression que mon corps est fait de caoutchouc. Certes, je mange bien, j'effectue de longues promenades dans la campagne et les bois environnants. Je peux aller à pied au village pour mes commissions. Mais, au fond de moi je me sens secouée. Je compte sur le temps pour arranger cela. Je n'attends pas de nouvelles d'Henri, car nous avons décidé qu'il ne m'écrirait pas. Ne sachant pas où il allait se retrouver, et dans quelles conditions, il était préférable que je n'attende pas de ses nouvelles, et j'ai été bien d'accord avec cela. Il avait été décidé d'attendre que les événements clarifient nos existences. Mais il est vrai que je ne cesse de me poser des questions. Où est-il ? Que fait-il ? Dans quelles conditions ? Etc. Et ce sont ces questions laissées sans réponses qui m'épuisent le plus. Je ne peux, d'autre part, m'empêcher de penser !

A quoi correspond tout ceci ? Je sais bien qu'il y a une logique à toute chose. Je sais aussi qu'un jour, j'aurai les explications sur ce que je vis, mais il y a toujours ce décalage entre la théorie et la pratique, en sachant aussi que nous devons passer par la pratique pour accéder à la théorie ! Décidément l'évolution sur cette Terre est bien rude.

Je ressens depuis le départ d'Henri comme une cassure qui m'ôte le goût de vivre, et je ne vois pas la solution pour l'instant.

…

La vie est décidément surprenante. Elle peut nous faire passer brusquement du désespoir à la plus grande des excitations, ou au plus grand des bonheurs.

Il faut parfois passer par un enfer pour nous faire entrevoir ensuite une porte du paradis. Voici donc ce qui s'est passé aujourd'hui.

La nuit précédente, j'avais très mal dormi. Je n'arrivais pas à trouver le sommeil, je bougeais dans tous les sens et, lorsque je me suis enfin endormie, mon sommeil a été extrêmement agité.

Je me suis levée fort tard et dans un état semi-comateux, les membres en coton, et l'esprit embrouillé, comme si je m'étais enivrée. Je ne comprenais pas pourquoi je me trouvais dans cet état. J'en avais attribué l'origine à une rechute de mon état dépressif.

En début d'après midi, après un bref et frugal repas, je me suis recouchée, laissant mon esprit vagabonder au gré de sa fantaisie. Et, bien sûr, mes pensées se sont focalisées sur Henri, avec toujours les mêmes questions lancinantes : Où est-il ? Que fait-il ? M'a-t-il oubliée ? Etc.

Lorsque, tout à coup, j'ai entendu dans ma tête la phrase suivante :

– « C'est moi, non je ne t'ai pas oubliée. Pardonne-moi, ma chérie, de te faire du mal ; je ne voulais pas tout ceci, je suis tellement désolé, je ne peux faire autrement. Ah ! Si tu pouvais comprendre cela ! Je désire plus que tout supprimer ta propre souffrance. Si je pouvais te prendre en moi-même, je le ferais instantanément ; mais cela n'est pas possible. »

Je me suis mise alors à crier :

– « Henri ».

Et en même temps je me suis dit : Il me contacte par télépathie, nous pouvons donc communiquer à nouveau. C'est merveilleux, il n'y aura plus de distance maintenant. Puis, intuitivement j'ai réalisé qu'il se passait un autre événement en même temps. Je me suis mise à ressentir une vibration très forte, comme un picotement qui prenait tout mon corps. J'ai ressenti sa vibration que je connaissais si bien. Je me suis attendue à le voir apparaître devant mon lit ; mais non, il se passait quelque chose dehors, devant la maison. Je me suis relevée d'un bond pour me précipiter à l'extérieur, et là, j'ai cru que j'avais perdu l'esprit. Durant un instant, j'ai vraiment cru que j'avais des hallucinations, que j'étais devenue folle.

En effet, je voyais, au-dessus du jardin, à quelques vingt mètres de hauteur, une petite navette spatiale, immobile !

J'étais tétanisée. Je me suis mise à l'observer, dubitative. Je ne comprenais pas ce qui se passait, à quoi cela correspondait.

Mon esprit s'est mis à fonctionner à la vitesse de la lumière. Quel est le rapport entre ce que j'ai interprété comme étant un contact télépathique avec Henri, et la présence d'une navette spatiale ici ?

Et puis, une foule de détails me sont revenus à l'esprit sur Henri, son comportement, sa façon d'exprimer les choses, ses connaissances, ses mystères, ses voyages, son départ définitif, etc. Tout cela s'est fait en une seconde à peine, puis le voile s'est ouvert. Henri est un être de l'espace qui est venu sur la Terre. Il avait des missions à effectuer. Il a dû repartir dans un endroit secret de cette planète, avant de retourner sur sa sphère d'origine. C'est cela, je ne rêve pas, je ne me trompe pas. J'en reste pétrifiée de surprise, il se trouve dans l'engin, il est venu me dire au revoir.

J'en ai ressenti un grand choc dans tous mes corps, ma prise de conscience a provoqué en moi une terrible accélération vibratoire, à peine soutenable. Je n'étais plus moi-même, je n'avais plus conscience de la maison, du jardin, je ne ressentais plus mon corps à présent. C'est comme si je me trouvais dans un autre univers et, sans réfléchir, je me suis projetée mentalement vers Henri. Je me suis retrouvée devant lui, dans un no man's land. J'étais folle de bonheur. Le temps et l'espace n'existaient plus ; je ne ressentais plus aucune souffrance, j'étais dans une autre dimension, et c'est avec un grand calme que je me suis exprimée :

– « Je me doutais, je savais peut-être, mais je n'ai pas eu assez confiance. Je comprends intuitivement, même si je n'ai pas les données. Pardon d'avoir douté. Je suis heureuse, je t'aime. Je sors à l'instant de l'abîme, mais plus jamais je n'y retomberai, je le promets. Merci, merci, mon amour du cadeau que tu me fais. Oh, mon Henri ! ».

Et je me suis mise à pleurer des larmes de joie et d'intense émotion, et il s'est mis à pleurer lui aussi, et nous nous sommes enlacés dans nos corps énergétiques.

En quelques instants, j'ai retrouvé l'ensemble de mes forces, il n'y a plus eu de problèmes, il n'y a eu que de l'amour qui transcende toute situation. J'ai repris :

– « Je sais, je comprends, et j'accepte ce qui est mon épreuve. Nous ne sommes pas conscients de ce qui se passe dans les trames inter-dimentionnelles. Tu sais aussi bien que moi que tout vécu a une ou plusieurs causes. Peu importe ce quelles sont. Je sais que nous devons nous quitter maintenant, mais ce n'est qu'un événement provisoire. Nous sommes reliés sur des plans beaucoup plus subtils que celui-ci. Bien sûr, je suis triste, je sais que tu l'es toi aussi, mais nous devons apprendre à maîtriser nos émotions et nos impatiences. L'avenir qui nous attend est lumineux et n'aura plus d'interruption. Nous nous débarrassons en ce moment des énergies du vieil homme, pour pouvoir, dans un futur proche nous revêtir de la cape de la Lumière Universelle. Sois heureux, mon amour. Tu as perçu ma tristesse provisoire dans ton émotionnel, mais tu perçois ma joie de ressentir notre avenir. »

Il m'a répondu :

– « Comme tu as raison, j'ai agi comme un enfant. Je te demande pardon. Reste immobile, là où tu es. Du vaisseau, je vais me dédoubler pour t'interpénétrer. Je sais que je peux le faire en restant en accord avec les Lois Universelles. Ce sera mon adieu pour ce temps, cette dimension, cette Terre. Mais avant de repartir, je veux te faire un cadeau. Je te dois la vérité. Je suis venu de Vénus pour des raisons d'évolution. Je sais maintenant que nous devions nous rencontrer. Nous devions opérer notre jonction sur cette Terre, pour des raisons que j'ignore encore, mais je peux t'informer maintenant, si tu ne t'en es pas douté, que tu viens toi aussi de Vénus. La différence est que tu as dû t'incarner pour des raisons qui te concernent ».

Je me suis surprise à lui dire alors :

– « Effectivement, je m'en doutais, mais je suis heureuse que tu me le confirmes. Il n'y a plus de problème à présent, puisque je sais que nous nous reverrons. Tu vas bientôt repartir, mais moi j'ai encore des choses à faire ici. Je t'embrasse avec amour et tendresse. A toujours, ma vie ».

Mon corps matériel n'avait pas bougé du jardin. Je me suis recalée en lui, bien centrée, et j'ai attendu. Au bout de quelques secondes, j'ai senti physiquement des énergies qui ont pénétré doucement et lentement mon corps. Je ne trouve pas de mots pour décrire le phénomène, mais c'était les énergies d'Henri qui s'imprégnaient en moi. Le moment a été sublime.

J'ai regardé la navette s'éloigner lentement tout d'abord, puis à une certaine hauteur, elle a effectué une prodigieuse accélération et a disparu dans le ciel crépusculaire.

Alors que j'écris ces événements extraordinaires, j'ai l'impression que tout a été fait, que tout a été dit, et pourtant je sais que je me trouve actuellement au début d'une fabuleuse aventure. Je sais que j'ai un grand avenir devant moi. J'ai la sensation bizarre que je viens à peine de naître ce soir. C'est peut-être ce qu'Henri appelle entrer dans l'adolescence cosmique, pour un jour, plus tard, après un autre apprentissage, atteindre ce qu'il appelle l'Age Adulte Cosmique.

Je ne ressens plus de séparativité maintenant. Il est peut-être physiquement éloigné en ce moment, mais je le ressens en moi. Je ne suis plus vide de lui, je suis lui, et il est moi. Je me rends compte en écrivant ces lignes, que la vision cosmique de la vie, nous la fait ressentir différemment.

Toutes ces notions de séparativité, de vide de l'absence de l'autre, et même de séparation définitive, ne sont que des perceptions de notre conscience rétrécie dans une matérialité trop dense dans laquelle nous nous sommes enfoncés, durant nos cycles d'incarnations, sans que nous nous en rendions compte. C'est pourquoi cette humanité doit maintenant refaire le chemin inverse, redevenir consciente des composantes cosmiques de la vie. Alors, nous pourrons retrouver nos frères cosmiques qui vivent sur des sphères plus subtiles que notre Terre. Nous ne nous sentirons plus isolés dans le vaste cosmos, et il sera inutile d'aller rechercher, au fin fond de l'Univers, d'autres présences alors que nous en sommes entourés. Mais, pour renouer le contact, c'est nous qui devons refaire le chemin inverse, rouvrir notre conscience, avoir le courage de nous remettre en question en totalité, sur les plans historique, religieux, politique, humanitaire, etc., pour atteindre d'autres vérités, d'autres voies, plus belles et plus merveilleuses que le plus beau des contes de fée.

Oui, je ressens tout cela ce soir. Tellement de choses me reviennent en mémoire que je ne pourrais les retranscrire. Et, quand je parle de mémoire, je fais allusion à ma Grande Conscience, celle qui conserve tout ce que j'ai vécu, depuis ma naissance cosmique, à travers tous mes vécus, toutes mes expériences ici ou là, sur un plan ou sur un autre, dans notre univers.

Je sens qu'en cet instant où j'écris, un travail important s'opère en moi, des prises de conscience, une vision des choses qui me reviennent et que j'avais oubliée. Je suis en train d'opérer ma jonction avec ma mémoire cosmique.

Je sens en moi-même une force indestructible. Je me rends compte que je suis encore sur cette Terre, mais je ne fais plus partie de cette Terre.

Je sais que je dois terminer un travail, celui d'expliquer à ceux qui voudront bien m'écouter, ce que je suis en train de comprendre des choses de la vie, non plus de la vie incarnée, mais de la vie élargie, la vraie, celle que nous devons atteindre, tous.

Le retour à Paris

J'ai retrouvé maintenant mon appartement et mes activités.

Tout le monde m'a trouvé changée, dotée d'une nouvelle force, d'un plus grand recul par rapport aux événements, aux situations et aux gens. Je consacre un maximum de temps à essayer d'inculquer à ceux que je rencontre les notions qui sont le fruit de mes expériences, des prises de conscience que j'ai faites, des enseignements que j'ai reçus. Je prends moins de précautions de langage, je suis plus directe, je fais moins de mystères, et j'essaye de mettre les êtres devant les responsabilités de leurs comportements, quant aux conséquences pour leur évolution, en appuyant sur les tenants et aboutissants.

Ainsi, un tri s'est opéré parmi mes amis et mes patients. Je n'ai parlé à personne de ce que j'ai vécu dans la maison de campagne, c'est personnel et qui pourrait me croire ? J'ai simplement dit que j'avais fait une retraite pour faire le point sur ma vie et les choses, et que maintenant je pensais différemment, d'une manière plus vaste et plus positive. Mais, mon nouveau look n'a pas plu à tout le monde. Beaucoup n'ont pas pu comprendre ce que j'exprime de l'aspect cosmique de la vie, de l'évolution, et de ce que cela implique comme remise en question et comme travail sur soi. Ces êtres-là sont partis ailleurs rechercher un gourou qui leur dirait ce qu'ils veulent entendre, à savoir que ces êtres sont des victimes des autres, des laissés pour compte d'une religion, la leur, et des brimés de la société qui n'est pas capable de les reconnaître dans la valeur qu'ils se sont attribuée.

D'autres ont préféré continuer à cultiver toutes sortes de souffrances en demandant à autrui de supprimer ces souffrances et ces douleurs, mais à condition qu'ils n'aient pas d'efforts à faire.

D'autres encore ont eu peur d'entendre parler du cosmos. Ils préfèrent rester dans l'inconfortable confort de la matière et continuer à vivre avec des repères périmés.

Etc.

Et parmi ceux qui sont restés près de moi, il y a ceux qui se nourrissent de merveilleux, mais sans faire descendre dans leur être intérieur les nouvelles notions.

Il y a aussi ceux qui comprennent mentalement ce qu'ils entendent, mais qui ne sont pas capables de les faire descendre au niveau de leur cœur et de leur conscience.

Etc.

Attention, je ne juge personne. Il y a peu de temps, j'avais tendance à concevoir les choses d'une façon plus rétrécie, moi aussi. Mais, j'ai ouvert une petite partie de ma conscience et j'essaie d'aider d'autres êtres à faire de même.

Les résultats ne sont pas probants, mais je n'en fais pas une affaire personnelle. J'essaie de semer des graines, sans me retourner. Je sais que mon action actuelle aura son effet plus tard sur ces êtres, dans cette incarnation ou une autre. Rien de ce que l'on vit et ce que l'on entend n'est perdu. Cela revient pour chacun au moment opportun, comme cela s'est passé pour moi.

Pour ma part je vis, depuis ma connexion avec Henri, dans une intense réflexion permanente de toute chose.

J'étais désespérée, lorsqu'il est parti alors que je nettoyais mes scories pour pouvoir recevoir une nouvelle Lumière. Cette erreur d'interprétation m'a marquée parce que j'ai souffert en pure perte, par une non connaissance de mécanismes de l'évolution. J'ai alors décidé de tout reprendre à zéro, de tout remettre en question, de réfléchir sur de nouvelles interprétations de toute chose. Je veux remettre les pendules à l'heure cosmique. Je suis en cela grandement aidée par mes expériences et initiations précédentes.

J'établis ce que j'appelle mon plan de référence. Cela veut dire que je rassemble en permanence toutes les informations ou expériences qui me paraissent cohérentes avec une logique universelle ; et ce plan pouvant varier en permanence au fur et à mesure que d'autres éléments viennent le compléter. Si des informations ne cadrent pas avec mon ensemble, je les mets de côté provisoirement jusqu'au moment où je peux les intégrer dans mon plan de référence, ou les éliminer définitivement. Mon apprentissage actuel se déroule comme si je confectionnais un gigantesque puzzle vivant, mouvant, évolutif.

Je dois avouer que les principaux éléments que j'ai mis en place m'ont été donnés par Henri. En effet, il m'a permis d'éclaircir de nombreux points que j'avais déjà dans ma conscience, mais il me manquait des fils directeurs, des précisions et des connexions entre divers points. Il m'a aussi appris beaucoup de choses qui m'ont permis d'établir et d'élargir les bases de mon plan de référence. Et le temps passe très vite.

Les préparatifs de mon départ

Je sens que mon départ est maintenant proche.

Et je me dépêche de mettre de l'ordre dans mes affaires, comme si le temps pressait, comme si j'arrivais peu à peu à la conclusion de mon incarnation actuelle. J'en suis presque impatiente, car je vais retrouver Henri sur un plan subtil de Vénus, là où les êtres sont tellement plus harmonieux et paisibles !

J'ai vécu ma vie, j'ai eu des joies, des bonheurs ; j'ai vécu mes peines, mes chagrins. J'ai pris des coups, j'ai eu des déceptions, et des grandes satisfactions aussi. Mais, je ne me suis jamais sentie vraiment seule dans mon être intérieur. Je reconnais avoir été aidée, poussée, soutenue, mais aussi bousculée lorsque je faiblissais. Le dialogue entre mon âme et l'Univers est toujours resté ouvert. Durant mes actions, il m'est arrivé de me faire combattre, critiquer, condamner, juger ; mais ma foi en la vie, en l'évolution de l'homme est restée inébranlable.

J'ai eu l'occasion de retransmettre la plupart des choses que j'ai cru comprendre, mais je me considère toujours une étudiante et ce fameux plan de référence continue à se transformer. Mais, je peux encore remettre en question des éléments qui ne seraient plus conformes, car il y a encore une infinité de choses à apprendre et à comprendre.

Mon fil conducteur, durant toutes ces années, a été de pouvoir avoir une réponse à une question lancinante : Pourquoi les hommes sont-ils si violents, brutaux, méchants ? Pourquoi saccagent-ils la Planète ? Pourquoi les guerres, les massacres, les crimes, les répressions, les destructions, ou même simplement les dégradations ? Pourquoi les problèmes de société ? Pourquoi les pollutions de toutes sortes ?

Un simple bon sens me faisait dire qu'il valait mieux apprendre à vivre en bonne entente avec ses semblables, car il est plus facile de cultiver le bonheur dans une ambiance de paix. Ce même simple bon sens me faisait dire que si nous ne respections pas l'équilibre écologique de notre terre nourricière, nous serions en train de scier la branche sur laquelle nous étions assis. Et je ne comprenais pas pourquoi, les hommes étant devenus conscients de tout cela, n'en tenaient pas compte.

La majorité des hommes croient en un Dieu surhomme. Pourquoi laisserait-il faire tout cela, si cela ne correspondait pas à une logique qui nous échappe ? Devant tant de misères et de différenciations, où est donc cette justice divine dont tous les spiritualistes parlent ? Et si, à force de récolter ce qu'il sème, l'homme arrivait à se mordre la queue, et dans ce cas comment sortir de cette spirale descendante ?

Un élément de réponse m'est venu un jour par mon canal intérieur : l'homme n'est pas encore suffisamment évolué dans sa conscience pour agir avec discernement et sagesse. Il apprend à le faire, il est encore un enfant aux yeux du cosmos. Certains l'ont compris depuis bien longtemps, ils ont travaillé à dépasser leurs faiblesses, ils ont grandi, puis sont partis vivre dans d'autres lieux. Certains reviennent en tant que guides dans différents domaines pour aider leurs cadets à évoluer.

Par manque de maturation, les hommes de la Terre commettent des erreurs, et vivent les conséquences de leurs erreurs jusqu'à ce qu'ils comprennent les relations de cause à effet, et se rééquilibrent en eux-mêmes. Cela demande toutefois de longs cycles d'incarnations.

Deux mots-clés viennent de s'inscrire en lettres de feu en moi : Conscience et Evolution. Intuitivement, je suis partie à la recherche de ces deux données que je sentais fondamentales pour moi, et je demande à mes instructeurs de continuer à m'aider dans mes recherches.

Mais, si je parle de clé, la porte qu'il faut ouvrir possède un nom. C'est cette notion qui permet à l'ensemble de l'Univers d'exister et de se coordonner, et ce mot, c'est Amour.

Lors du dernier contact que j'ai eu avec un instructeur cosmique, celui-ci a conclu son enseignement par ces mots :

« Ni vous, ni moi, ni nul autre, n'a le pouvoir de prendre les consciences alourdies et de les transformer, mais l'Amour, lui, le peut ».

Et, sur ces belles paroles je fais mes adieux à la Terre et à ses habitants. Je vais rejoindre Vénus et Henri et poursuivre le développement de ma conscience afin de pouvoir me fondre de plus en plus dans la Lumière Universelle.

D'un côté, je suis heureuse d'aborder une nouvelle phase de mon existence, plus facile que la vie sur Terre ; mais d'un autre côté j'éprouve de la peine d'abandonner une si belle planète, et ses turbulents locataires.

J'ai essayé de leur communiquer ce que j'ai appris de la Vie Universelle. Je ne crois pas que la majorité en ait retiré quelque chose d'essentiel et j'en suis désolée.

Mes amis de la Terre sont orphelins de la véritable Spiritualité, ils sont amnésiques de la véritable Foi en la vie, ils sont ignorants des Lois Universelles.

Ils doivent, pour atteindre cela, sortir de leur grotte et cheminer au soleil. Cela demande du courage, de la volonté, de la constance, mais le résultat est à la mesure des efforts fournis pour ouvrir sa conscience.

Et comme m'a dit un jour un guide, je ne vous dis pas adieu, mais à Dieu.

Epilogue

Voici. J'ai terminé la retranscription du cahier de mon amie. Telles ont été ses dernières paroles.

Je comprends maintenant bien des choses dont elle ne m'avait jamais parlé.

Bien qu'elle n'ait jamais daté ses pages, je pense qu'elle est décédée dans les jours qui ont suivi ces dernières lignes. Elle est partie d'un arrêt cardiaque. Elle savait que c'était pour elle le moment de quitter ce plan, où elle a souffert et a été heureuse. Lorsque je l'ai revue dans son cercueil, j'ai été frappée par la sérénité de son visage. J'ai même cru déceler un léger sourire. Le sourire d'un être qui est heureux et impatient de retrouver son amour.

Pour ma part, au fur et à mesure que je tapais ces lignes à l'ordinateur, j'ai senti une transformation s'opérer en moi, Comme si des peaux sombres s'enlevaient les unes après les autres devant mes yeux, et plus j'avançais dans la retranscription, et plus je voyais la Lumière apparaître à ma vue.

Ce n'est pas tant l'histoire de Christelle qui m'a fait cet effet, mais les enseignements et les prises de conscience que cela implique.

Je comprends maintenant le mythe de Maya, l'illusion qui nous entoure. Et ce que je viens de vivre me fait penser au mythe de la grotte de Platon. Ce mythe raconte que des êtres qui avaient toujours vécu dans une grotte où ils ne pouvaient apercevoir que quelques ombres venant de l'extérieur, prenaient ces ombres pour la réalité du monde.

Je comprends maintenant que la vie est beaucoup plus vaste que ce que nous en percevons à travers notre conscience sclérosée et endormie. Il est temps pour nous, humanité terrienne, de nous réveiller de notre léthargie, pour enfin nous mettre à travailler sur les causes des souffrances que nous nous provoquons.

Avant de refermer cette dernière page, j'ai envie moi aussi, d'écrire les paroles d'un sage :

« Il ne faut jamais perdre de vue que, même si l'intellect humain est trop étroit pour croire à l'existence de certaines réalités, cette étroitesse n'empêche pas pour autant ces réalités d'exister ».

*

*   *

Cet ouvrage a été composé par Edilivre
175, boulevard Anatole France – 93200 Saint-Denis
www.edilivre.com

Tous nos livres sont imprimés
dans les règles environnementales les plus strictes

Imprimé en France, 2011
Dépôt légal : septembre 2011

Achevé d'imprimer chez SoBook le 29-05-2021

Linselles - France

N° impression : 699 815